JN073735

対話で学ぶ廃棄物処理法

長岡文明（BUNさん）著

はじめに

「廃棄物処理法の本」というと、ただただ条文と説明文だけが、ズラズラと並び、なかなか実務と結びつけにくい感じがしていました。そこでこの本では、現実に廃棄物処理法担当者が言葉にしそうな状況を想定し、対話形式で進めてみようという企画です。

第1章は、入門者の方を対象とした「基礎知識」です。

第2章は、産業廃棄物の排出事業者を中心とした実務である「委託契約書」「マニフェスト」「委託処理状況の確認」を取り上げてみました。

第3章は、一気に上級クラスになりますが、条文では規定されていない、しかし、実務をやっていく上には、どうしてもぶち当たってしまうというテーマについて「定説？ 妄説？」として取り上げていきます。

それでは、ここから以降は、某企業（排出事業所）で地球初のリサイクルAIロボットとして新入社員になった＜リーサ＞とBUN先生（私、長岡文明の愛称）の問答で進めていきたいと思います。

（もちろん、リーサはBUNさんが頭の中で作り上げた架空のキャラクターで、実在するものではありません。）

長岡文明（BUNさん）

目次

はじめに……… 3

第1章 **基礎編　物の区分、処理業許可、排出者**

1-1　廃棄物処理法は何から覚えるか ……… 8
1-2　物の区分 ……… 10
1-3　一般廃棄物と産業廃棄物その1 ……… 12
1-4　一般廃棄物と産業廃棄物その2 ……… 14
1-5　「事業活動」とは ……… 18
1-6　産業廃棄物20種類の確認 ……… 20
1-7　許可制度 ……… 25
1-8　処理業許可制度 ……… 27
1-9　特別管理一般廃棄物処理業の許可 ……… 29

特別講座　「特別管理廃棄物」……… 32

1-10　処理業の許可は許可権限者ごと ……… 42
1-11　排出事業者と許可制度 ……… 45
1-12　産業廃棄物排出事業者の責務 ……… 47

第2章 中級編　産業廃棄物排出事業者の責務

2-1　委託契約書 …… 52
2-2　法定委託契約書記載事項その1 …… 55
2-3　法定委託契約書記載事項その2 …… 57
2-4　法定委託契約書記載事項その3 …… 60
2-5　法定委託契約書記載事項その4 …… 63
2-6　マニフェストその1 …… 67
2-7　マニフェストその2 …… 70
2-8　委託処理状況の確認その1 …… 73
2-9　委託処理状況の確認その2 …… 75
2-10　委託処理状況の確認その3「現地確認」1 …… 78
2-11　委託処理状況の確認その4「現地確認」2（保管） …… 80
2-12　委託処理状況の確認その5「現地確認」3 …… 83

第3章 BUNさんの定説？ 妄説？ 編

3-1　オリジン説 …… 88
3-2　中間処理残渣物 …… 95
3-3　総合判断説 …… 100
3-4　建っている間は廃棄物処理法を適用しない …… 120
3-5　「排出時点」「排出者」がすり替わる …… 125

著者略歴・奥付 …… 134

この本の内容の多くは、株式会社 大栄環境のメールマガジンの
内容を設定変更や加筆修正で等で新たに書き換えたものです。

第1章

基礎編

物の区分、処理業許可、排出者

1-1　廃棄物処理法は何から覚えるか

1-2　物の区分

1-3　一般廃棄物と産業廃棄物その1

1-4　一般廃棄物と産業廃棄物その2

1-5　「事業活動」とは

1-6　産業廃棄物20種類の確認

1-7　許可制度

1-8　処理業許可制度

1-9　特別管理一般廃棄物処理業の許可

特別講座　「特別管理廃棄物」

1-10　処理業の許可は許可権限者ごと

1-11　排出事業者と許可制度

1-12　産業廃棄物排出事業者の責務

1-1 廃棄物処理法は何から覚えるか

リーサ：初めまして。今年入社したロボット社員の「リーサ」です。企業で環境管理やCSRを担当させてもらっていますが、実は、廃棄物処理法は法令の全文をインプットしても法の運用や解釈が難しすぎて理解に苦しみます。BUN先生、やさしく教えてください。
BUN：よろしくお願いします。リーサさんは、もう、廃棄物処理法法令集読みましたか？
リーサ：それが……。分厚くて、退屈で、意味不明で……。情報自体は電子頭脳に入れましたが、アウトプットしようとすると機能がオフになってしまいます。
BUN：廃棄物処理法の法律条文は、〈たった〉第34条までしかありません。自動車リサイクル法の第143条、家電リサイクル法の第62条に比べたら、ずっと少ないのですよ。
リーサ：先生、そうは言いましても、実際に廃棄物処理法の本を開いた方はご存じだと思いますが、廃棄物処理法は〈第15条の4の7〉なんて「枝番条文」だらけですね。市販の三段対象法令集は約400頁、厚さにして2cmもありますよ。しかも、書いてある内容は不可解。「この法令を全て理解してから廃棄物の仕事をやってください」と言われたら、私は業務機能を停止させます。
BUN：ばれましたか……。実は私、BUNさん自身も法令でわからないことが山ほどあります。
リーサ：いずれは網羅できるかもしれませんが、まずは何から覚えればいいですか？
BUN：第一に、区分！ 次に業許可！ そして、排出者は誰か！ の3つですね。
リーサ：現場実務で言えば、契約書とマニフェストだと思いますが……。人間の先輩には「まずはマニフェストと契約書を覚えなさい」と言われています。それに、うちは許可まで取るつもりは無いのですが……。なぜ、許可制度まで覚えなければいけないのですか？
BUN：リーサの会社の人たちは、自分で自分の廃棄物を処理していますか？
リーサ：昔々の田舎なら、食べ残しは畑で肥やし代わりに使う、紙くずは裏庭で「ごみ炊き」する、という方もいたでしょうけど、今や、「穴を掘ってごみを埋める」は不法投棄で捕まります。「火を付けて燃やす」は野焼きで捕まります。
BUN：つまり、「廃棄物は出すけど、自分じゃ処理しない」ということですね。じゃあ、どうしているの？
リーサ：専門会社に処理を頼んでいます。
BUN：どんな会社？
リーサ：廃棄物処理法の許可業者です。
BUN：そうでしょ。だから、許可制度を知っていないと、自分が出す廃棄物を誰に頼めばいいか分からないのですよ。許可制度を知ることが必要です。そして、この許可制度は一つではありません。
リーサ：それは知っています。一般廃棄物と産業廃棄物ですね。
BUN：そう。この「廃棄物はなんなのか？」が「区分」です。だから、「区分」は必須知識です。

時折、「契約書やマニフェストはわからない」という人がいて、「なにがわからないんですか?」と聞くと、実は契約書やマニフェストがわからないのではなくて、そもそもの廃棄物の種類（「区分」）がわからなかったり、契約の当事者（排出事業者と許可業者）がわからないことが圧倒的に多い。だから、いきなり契約書、マニフェストではなく、基本中の基本、区分、許可制度、排出者を知ることが大切なんです。

図表・画像1

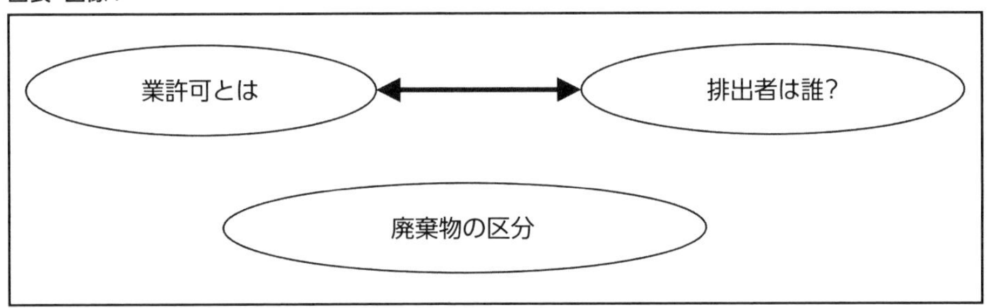

1-2 物の区分

リーサ：廃棄物処理法を勉強するときは、まずは「区分」から、ということですね。
BUN：図表2を見てください。廃棄物処理法上、「物」は有価物と廃棄物に分かれます。
いろんな、先生が、いろんな分類、系統図を書いたりしているけど、あまり正確性を追求して、わかりにくくしては元も子もないので、初心者のうちは、「厳密性」は多少犠牲にして、シンプルな形で覚えた方がいいと思います。

図表・画像2●物の基本的区分

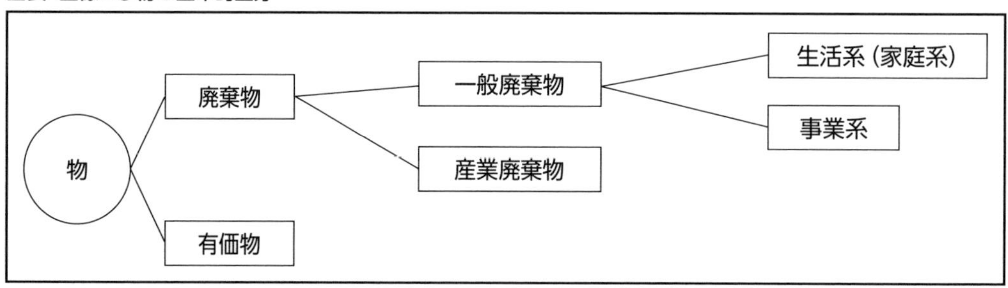

リーサ：特管物の話などは次のステップで、ということですね。
BUN：まず、世の中の物体は「有価物」と「廃棄物」に分かれます。まぁ、厳密に言うと廃棄物処理法では、「気体と放射性廃棄物は除く」と規定しているから、普通の固体と液体ということですね。
リーサ：人が金を出して買ってくれる「物」が「有価物」で、処理料金を払わなければ、持って行ってくれない「物」が「廃棄物」ということでいいですか？
BUN：まぁ、裏取引等の脱法的な行為が無ければ、たいていの場合は、それでいいのですが、グレーゾーンも出てきます。
リーサ：「グレーゾーン」ですか？ ロボットとしては白黒はっきりさせたいのですが。
BUN：たとえば、一つは「0円取引」ですね。ただで引き取ってくれる「物」は、果たして有価物なのか廃棄物なのか？ ただで持って行ってくれる人に委託していいのか？ 売り買いが伴わないので判断が難しい。さらに、もう少し複雑なものに「手元マイナス」というパターンがあります。確かに買い取ってくれるって人はいても、その人のところに運ぶ運搬賃の方が高くついてしまう。
リーサ：具体的には？
BUN：たとえば、「うちの工場まで持ってきてくれれば30円で買うよ」と言う人がいたとしても、その工場に運ぶ運搬賃が200円かかります。つまり、1つ運ぶごとに、排出者は「30-200=−170円」の持ち出しになってしまうパターンですね。

リーサ：確かに「0円取引」「手元マイナス」のパターンは、「人は買ってくれるか」だけでは判断が着かないですね。こんな時は、どうすればいいですか？
BUN：定説とされているのは「総合判断説」という理論。物が廃棄物かどうかは、「物の性状」「排出の状況」「通常の取扱形態」「取引価値の有無」「占有者の意志」「その他」といった要因について、総合的に判断する（総合判断説）とされています。でも、これは相応に難しいことから、「深掘りコラム」ということで、書いておいたから、後で勉強してください。
（さらに、第3章　「定説・妄説」で詳細を取り上げています。）

図表・画像3●「手元マイナス」のイメージ図

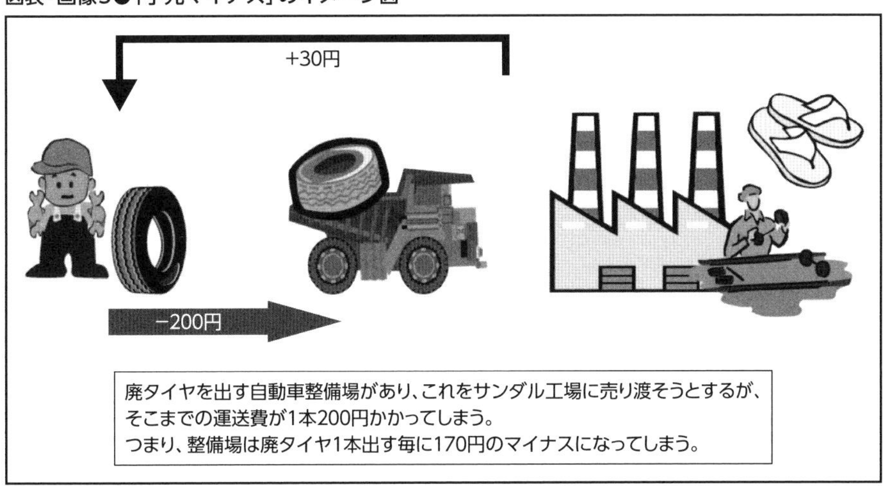

深掘りコラム
「総合判断説」
廃棄物処理法では第2条第1項で「廃棄物」を定義している。
「（定義）第二条　この法律において「廃棄物」とは、ごみ、粗大ごみ、燃え殻、汚泥、ふん尿、廃油、廃酸、廃アルカリ、動物の死体その他の汚物又は不要物であつて、固形状又は液状のもの（放射性物質及びこれによつて汚染された物を除く。）をいう。」
しかし、現実の運用として、たとえば、社会一般に「廃油」と言われる「物」であっても、買取がなされている場合は廃棄物処理法の適用を受けない場合が多い。同様に「汚い」というだけで廃棄物処理法が適用されるものでもない。「それでは、廃棄物処理法の対象となる廃棄物とはなんぞや？」が、以前から具体的な事案でも争議の種となり、幾度となく裁判も行われている。
環境省（旧厚生省）は廃棄物処理法がスタートした直後は「客観説」の立場であったが、程なく「総合判断説」の立場となり、このことは、平成11年3月の最高裁判決でも是認された。この裁判を「おから（豆腐から）裁判」と呼んでいる。
総合判断説については、直近では令和3年4月に環境省から発出された「行政処分指針」でも、詳細に解説されている。
しかし、「総合的に判断する」ということは、判断する人間の判断基準によって左右されることも多く、具体的には買い取る人物がいるものの、排出側では、輸送費が買取値より高くなり、結局「排出者の手元ではマイナス」となってしまうケースや、環境基準未満ではあるものの有害物質を含んでいる物等、判断に窮する物質も少なくない。
こういった事案が実際に起きた場合は、地元の行政窓口に相談してみることが必要と考えられる。

1-3 一般廃棄物と産業廃棄物 その1

リーサ：一度、ここまでの復習をさせてください。

「0円取引」「逆有償」等の特殊なグレーゾーン以外の通常の取引では、次のように覚えておくこと。

廃棄物とは、不要な物、すなわち日本の通常の社会生活では、いらなくなった物である。

有価物とは、価値のある物、すなわち日本の通常の社会生活で売買の対象になっている物であるということですね。

BUN：そうだね。色々なグレーゾーン、複雑なパターンはあるけど、そこに引っかかっていたのでは進まないので、そこはもっと知識を深めてから復習することにして、次に進みましょう。

リーサ：「有価物と廃棄物」の次は、いよいよ、一般廃棄物と産業廃棄物ですね。ここは私も学習しました。

BUN：そう、頼もしいですね。では質問。「動物園の象さんのうんちは一般廃棄物でしょうか？産業廃棄物でしょうか？」。「産業廃棄物なのに間違って、一般廃棄物処理業の許可しか持っていない人に処理を委託しました。どの位の罪になるでしょうか？」

リーサ：??? オフになりそう……。もう少し分かりやすい問題でお願いします。

BUN：ごめん、ごめん。では、前回の図表・画像2に一度戻って、続きを勉強しましょう。

まず、廃棄物はさらに、一般廃棄物と産業廃棄物に分かれます。ちなみに、法律ではまず産業廃棄物を決め、それ以外は一般廃棄物としています。

図表・画像2●（再掲）物の基本的区分

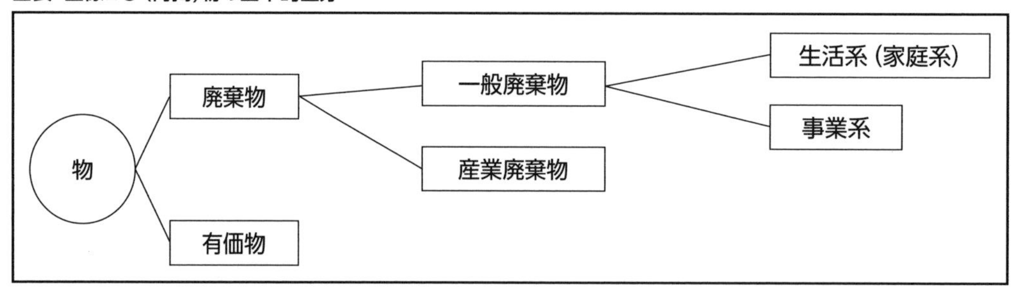

リーサ：つまり、一般廃棄物から覚えるのは不可能ですね。まず、産業廃棄物を覚えて、それ以外が一般廃棄物ということですね。

BUN：そうですね。本当は、日常生活に伴って生じるのが一般廃棄物で、事業活動に伴って生じるのが産業廃棄物となっていれば、分かり易いのだけど……。そうはなっていません。事業活動に伴って生じた廃棄物でも、産業廃棄物にはならず、一般廃棄物に分類される物があるので注意する必要があります。

リーサ：そこは私も引っかかったところです。普通は、事業活動から出てくる廃棄物は産業廃棄物っていうイメージですよね。なんで、こんな決め方をしたのかなぁ。

BUN：リーサが誕生していない昔話になるけど、廃棄物処理法がスタートした昭和40年代は、市町村は最終処分場（埋立地）や焼却炉を持っていたけど、民間で廃棄物の処理施設を持っているところは、ほとんどなかったんですね。一部の大企業では自社の廃棄物を処理するための施設を持っていましたけど。

こういう状況において、中小零細企業のラーメン屋さん、八百屋さん、床屋さんに「自分の廃棄物は自分で処理してください。」と言っても、具体的な「受け皿」がありません。

そこで、当時の市町村が所有していた埋立地や焼却炉でも受け入れ可能な廃棄物は事業活動に伴うものでも「一般廃棄物」として、市町村で受け入れるという制度・体制を作ったようだね。

根本的には、その制度を今でも踏襲しているので、いわゆる「事業系一般廃棄物」というカテゴリーが残ったままです。

図表・画像4●廃棄された野菜くず

リーサ：そんな歴史的経緯があるのですか。インプットします。「産業廃棄物」という言葉としても「産業」が付いているし、廃棄物処理法第2条第4項の産廃の定義にも「事業活動に伴って」という形容詞が付きますから、「事業活動に伴って発生する廃棄物」は全部、産廃だと思ってしまいますが、実際は違うのですね。

BUN：「産業廃棄物」は、事業活動に伴って発生した廃棄物のうち、廃棄物の発生量やその物の性質から、法及び政令で定めるものをいい、これに該当しない廃棄物は「一般廃棄物」として取扱うということです。

リーサ：ここのところ、整理させてください。

物は有価物と廃棄物に分かれて、さらに廃棄物は一般廃棄物と産業廃棄物に分かれる。

法律ではまず産業廃棄物を決め、それ以外は一般廃棄物としている。

日常生活に伴って生ずるのが一般廃棄物で、事業活動に伴って生ずるのが産業廃棄物としたいところだけど、事業活動に伴って生じた廃棄物であっても、産業廃棄物とはならず、一般廃棄物に分類される物があるので注意する必要があるということですね。

一般廃棄物と産業廃棄物その2

BUN：一般廃棄物はさらに（普通の）一般廃棄物と特別管理一般廃棄物に分かれ、産業廃棄物は（普通の）産業廃棄物と特別管理産業廃棄物に分かれます。

「特別管理」とは、「扱いに注意を要する」というイメージです。感染性がある物、燃え易い物、強酸・強アルカリ、毒物等の廃棄物ということになりますが、特管物の話になると、一気にレベルが上がってしまうので、その前に、しっかりと産業廃棄物を覚えることにしましょう。

図表・画像5●廃棄物のイメージ

廃棄物
事業活動を伴う
一般家庭から発生
産業廃棄物
一般廃棄物

リーサ：ここは初心者が特につまずくところなので、要注意ですね。「産業廃棄物」は、事業活動に伴って発生した廃棄物のうち、廃棄物の発生量やその物の性質から、法及び政令で定めるものをいい、これに該当しない廃棄物は「一般廃棄物」として取扱う。

さらに、一般廃棄物は排出者により生活系一般廃棄物と事業系一般廃棄物に分けられる。

すなわち、事業活動に伴って排出された廃棄物でも、一般廃棄物となる物（種類）があり、これを「事業系一般廃棄物」と呼んでいるということでしたね。

BUN：そのとおり。では、いよいよ産業廃棄物について詳しく見ていきましょう。

次の表を見て下さい。この表は、法律と政令に規定していることを、簡単にまとめてみたものです。

まず、事業活動に伴って生じた廃棄物のうち、燃え殻、汚泥、廃油などはどのような業種から排出されても産業廃棄物となります。ところが、紙くずや木くず、繊維くず、動物の死体などは特定の業種から排出された場合しか産業廃棄物とはなりません。

図表・画像6●産業廃棄物の種類と指定業種等

番号	名称	業種指定の有無	指定業種等
1	燃え殻	無し	――――――
2	汚泥	無し	――――――
3	廃油	無し	――――――
4	廃酸	無し	――――――
5	廃アルカリ	無し	――――――
6	ゴムくず	無し	――――――
7	金属くず	無し	――――――
8	ガラスくず及び陶磁器くず	無し	――――――
9	鉱さい	無し	――――――
10	廃プラスチック類	無し	――――――
11	がれき類	無し	――――――
12	紙くず	有り	建設業、パルプ、紙又は紙加工品の製造業、新聞業、製本業及び印刷物加工業等
13	木くず	有り	建設業、木材又は木製品の製造業、パルプ製造業及び輸入木材の卸売業等
14	繊維くず	有り	建設業、繊維工業
15	動植物性残渣	有り	食料品製造業、医薬品製造業又は香料製造業
16	動物のふん尿	有り	畜産農業
17	動物の死体	有り	畜産農業
18	ばいじん	有り ※　注意1	備考：集じん施設によって集められたもの等
19	動物系不要固形物	有り	と畜場等
20	処理物	有り	備考：廃棄物を処分するために処理したもの

リーサ：えぇと……。例えば「紙くず」は、紙製品製造業（他数業種）から排出される場合は、産業廃棄物となるけど、それ以外の業種（サービス業等）から排出される場合は、一般廃棄物（事業系一般廃棄物）になるということですね。

BUN：そのとおり。法令で規定した言葉ではないのですが、この産廃となる業種を「指定業種」と呼んでいます。ここでちょっと注意です。実は、この「指定業種」というのは厳密には「指定排出形態」と言った方が正確です。ただ、その排出形態のほとんどが「業種」で規定されていることから、昔から「指定業種」と呼んでいます。

リーサ：「業種」以外の指定って、どんなものがあるのですか？

BUN：たとえば、図表・画像6にも書いておきましたが、「ばいじん」は「業種」ではなく、「集じん施設によって集められたもの」という条件なので、どんな業種から排出されようと「集じん施設によって集められたもの」なら産業廃棄物になります。（※注意1）

リーサ：そもそも「ばいじん」とは何ですか？

BUN：一般人にはあまり馴染みがない言葉かもしれませんね。漢字で書くと「煤塵」と表し、これだとわかると思うけど、「すす、ちり」です。物を燃やしたとき出る黒いすす。それを「ばいじん」と言いますが、ただの「すす」は産業廃棄物になりません。あくまでも「集じん施設によって集められたもの」が産業廃棄物です。

リーサ：「集じん施設によって集められたもの」というのは？

BUN：物を焼却すれば、煙が出る。その煙が大量で、質が悪ければ大気汚染につながる。だから、現在の日本では大気汚染防止法などの規定で、ボイラーや廃棄物焼却炉には「ばいじん」「すす」を集める装置を設置しなければならないのです。専門用語になりますが、バグフィルターやサイクロン、EP、スクラバーといった「集塵施設」ですね。この装置で集められた「すす」が、産業廃棄物としての「ばいじん」です。だから、大人が吸ったタバコの「煤」なんかはこれには該当しません。

図表・画像7●廃棄物焼却施設の構造・維持管理基準のイメージ

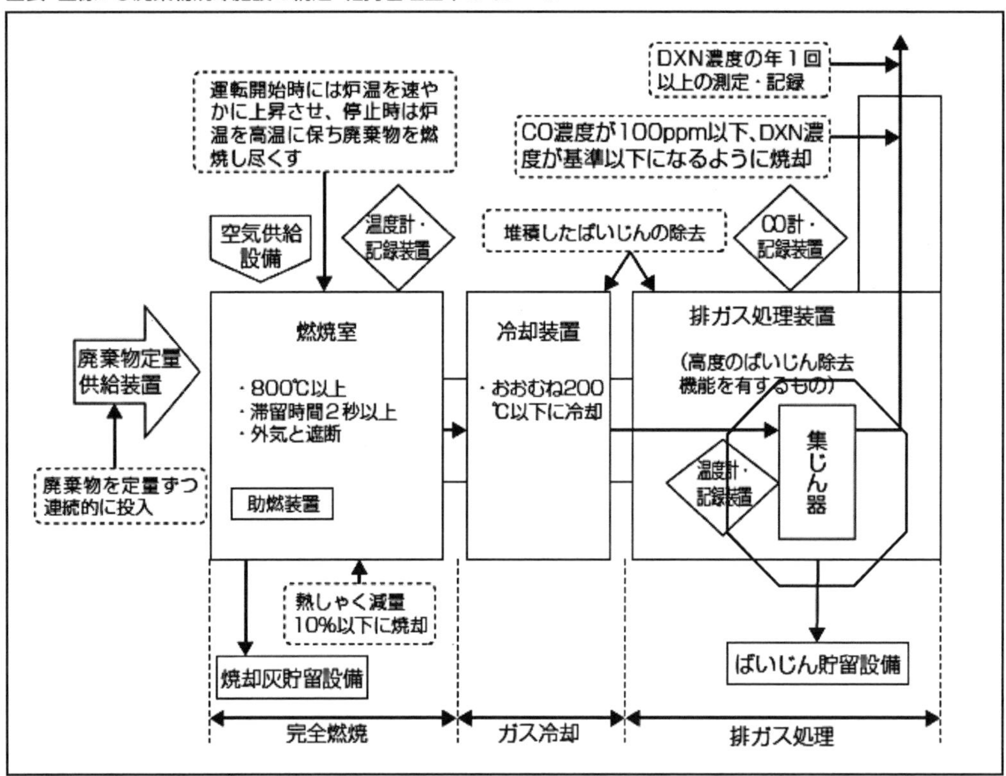

出典：2021年度産業廃棄物又は特別管理産業廃棄物処理業の許可申請に関する講習会テキスト、（公財）日本産業廃棄物処理振興センター

リーサ：その他に「業種」ではない指定の仕方にはどんなのがありますか？

BUN：紙くず、木くず、繊維くずはPCBが染み込んだ物は業種を問わず産業廃棄物となるし、木製パレットも平成20年4月から業種を問わず産業廃棄物となっています。また、輸入される廃棄物は発生源や種類を問わず、産業廃棄物となる等の規定があります。

リーサ：業種ではない指定の仕方も結構あるのですね。

BUN：そうですが、入門の方はとりあえず「指定業種」で覚えていいと思いますよ。

リーサ：ところで、産業廃棄物は「事業活動を伴って」という形容詞が付きますから、事業活動を伴わずに発生する産業廃棄物は無いという意味は分かりましたが、「事業活動を伴わない」というパターンは「家庭生活」だけなのですか？

BUN：するどいところを突いてきましたね。そこについては、少し入門のレベルを超えますが、次回、説明してみましょう。

<BUN先生の1-1～1-4のまとめ>

○「物」は有価物と廃棄物に区分される。
○廃棄物は一般廃棄物と産業廃棄物に区分される。
○家庭生活から出る廃棄物は、一般廃棄物である。→「生活系一般廃棄物」
○事業活動を伴わずに発生する産業廃棄物は無い。
○法律上の定義は産業廃棄物を決めておき、「それ以外は一般廃棄物」と規定している。（第2条第2項）
○事業活動を伴って排出される廃棄物でも一般廃棄物になるものがある。これを「事業系一般廃棄物」と呼称している。

BUN：1-3で私がリーサさんに出した質問、「動物園の象さんのうんちは一般廃棄物でしょうか？ 産業廃棄物でしょうか？」はわかりましたか？

「象さんのうんち」は産業廃棄物20種類の区分で言えば「動物のふん尿」に該当する訳ですが、「動物のふん尿」が産業廃棄物に該当する業種は畜産農業に限定されています。「動物園」の業種は、日本産業分類で調べますと、「教育学習支援業」という業種で、「畜産農業」ではありません。ですので、いくら事業活動に伴い発生した「動物のふん尿」でも、「動物園の象さんのうんちは一般廃棄物」となります。

「象のうんち」に関わる人は少ないと思いますが、このように、まず「物は何に該当するか？」、次に、「それを排出している業種は何か？」を確認してはじめて一般廃棄物か産業廃棄物かの区別が付くという極端な例を示してみました。

図表・画像8●象さんのうんちは一般廃棄物

1-5 「事業活動」とは

リーサ：前回は産業廃棄物の種類、それに関わって「指定業種」、正確に言い表すなら「指定排出形態」について勉強させていただきました。今日は前回質問した「事業活動」の勉強をさせてください。

BUN：実は、この「事業活動」というものは、なかなか難しいんです。

廃棄物処理法では「廃棄物」や「産業廃棄物」などは法令で定義しているのですが、「事業活動」や「排出者」といった文言などは定義していません。だから、人によって判断が分かれてしまう「レベル」が出てきてしまうのです。そうは言っても、廃棄物処理法がスタートして既に50年、幾多の事例・裁判・通知等もありますので、「ほぼ間違いない」という程度の話をしましょう。今回の話は入門レベルを超えてしまいますが、そのつもりでお付き合い下さい。

まず、廃棄物処理法がスタートした直後に当時の厚生省が監修した「廃棄物処理法の解説」の中に「事業活動というのは……単に営利を目的とするもののみならず、公共事業、公共サービス等をも包括するものである。」という一文があります。

よって、製造工場や販売店などはもちろん、市町村の公民館や県庁などの業務も「事業活動」になります。

リーサ：その程度なら、私の理解の範囲でも納得できます。

BUN：ところが、身近な例でもなかなか、判断に苦しむケースも出てきます。

たとえば、工場で働く従業員の人が、昼休みに飲んで排出される缶ジュースの空き缶は、「事業活動」を伴っていますか？

リーサ：難解だなあ。ジュースを飲む行為は一個人の消費活動だから事業活動を伴っていないとも判断もできるし、そもそも、従業員は仕事のために工場に来ている訳ですから、空き缶が工場の食堂からまとまって出てきたら、事業活動を伴っているという判断もできると思います。

BUN：もうひとつの例題。旅館のごみ箱に客が捨てていった「ごみ」は事業活動を伴っていますか？ 介護施設で入所している老人が使用して、介護施設から出てくる紙おむつは事業活動を伴っていますか？

リーサ：……難しい。実際の法令運用はどうなのですか？

BUN：正直に言えば、自治体ごとに判断が異なる事例も少なくありません。

ただ、前述のようなケースでは、「事業活動を伴っている」と判断する自治体が多いようです。大阪府はHPで、相当踏み込んだ見解を公開していますが、その多くは旧厚生省時代に国から発出した疑義解釈通知や裁判結果などを踏まえた内容となっていますから、是非、一度は検索して下さい。

実は、この「事業活動」と「排出者」という要因は、とても関連性があります。たとえば、前出の介護施設の老人の紙おむつを例に取ると、「事業活動を伴っている」と捉えれば、排出者は、その事業を行っている施設側です。一方、「事業活動を伴っていない」と捉えれば、排出者は個々の入居している人たちということになります。
リーサ：なるほど！ そうなると、たとえば廃プラスチック類などは、施設が排出者なら事業活動を伴っているから産業廃棄物で、個々の入居者が排出者なら事業活動を伴わないから一般廃棄物となる訳ですね。難しいですね。
　そうなると、「事業活動を伴わない」事例は、個々の消費者、すなわち、家庭生活ぐらいしか無いということですか？
BUN：過去の疑義応答通知などを見ると、平常状態の大半のケースでは、「事業活動を伴わない」のは「家庭生活、個々人の消費」と捉えても、ほぼ、正解と言えるでしょう。
リーサ：「ほぼ」、ですか？ また、ロボットとしては嫌な言葉ですね。
BUN：実は家庭生活以外にも、いくつか「事業活動を伴わない」ケースはあります。その一つが「災害」です。たとえば、大地震が起きて今まで使用していた家屋が倒壊して、がれきや木くずになってしまったとしましょう。がれきや木くずは事業活動を伴って発生しましたか？
リーサ：伴っていないですね。自然現象で廃棄物が発生してしまいました。
BUN：ですから、災害廃棄物は一般廃棄物と運用されてきています。
リーサ：でも、災害廃棄物は日常生活から出てくる生ごみや空き缶、空き瓶のレベルではないですよね。大量の家具や泥、畳、襖、コンクリートの破片とかが多いですよね。壊れた建物も災害廃棄物ですね。それでも、一般廃棄物なのですか？
BUN：悩ましいですね。物理的には通常なら産業廃棄物として処理ルートに廻るような物が、しかも一度期に大量に出てきてしまいますね。そのため、近年の廃棄物処理法改正の度に「災害」に関する例外的な規定も整備してきています。ただ、その話は相当の上中級編の内容になりますので、別の機会としましょう。
　では、次回は初級編に戻って、産業廃棄物の種類や考え方などを深めてみましょう。

＜BUN先生の今回のまとめ＞
○「事業活動」とは、製造工場や販売店などはもちろん、公共事業、公共サービス等も含まれる。
○「事業活動」の判断が難しいケースもある。
○家庭生活は「事業活動を伴わない」典型的なパターン。
○「災害」も事業活動ではないので、災害廃棄物は一般廃棄物となる。

少しグレーゾーンについての問い掛け
問：建設現場で、作業員の人たちが休憩時間に飲んで出てくる「お茶殻」は、産業廃棄物でしょうか？ 一般廃棄物でしょうか？
答：一般廃棄物。
　今回の解説の通り、「建設現場で、作業員の人たちが休憩時間に排出する行為」は「事業活動を伴っている」と判断する自治体が多いと思われますが、自治体によっては「事業活動は伴わない」と解釈運用しているところもあります。
　ですから、この要因は微妙なのですが、今回、問題にしている物は「お茶殻」です。「お茶殻」を産業廃棄物20種の中で考えれば、「動植物性残渣」となります。「動植物性残渣」は業種が指定されている産業廃棄物で、建設業はこれに該当していません。ちなみに、動植物性残渣の指定業種は、食料品製造業、医薬品製造業、香料製造業の３業種だけ。よって、答えは一般廃棄物、ということになります。

1-6　産業廃棄物20種類の確認

リーサ：前回はちょっと入門編を飛び越えた内容の「事業活動とは」の話を伺いました。頭脳が疲れたのでバイオマス発電のエネルギーを満タンに蓄え、リフレッシュしました。今回は入門レベルに戻り、産業廃棄物の種類を深掘りさせてください。それでは、先生、お願いします。
BUN：1-4で産業廃棄物20種を紹介し、その際「ばいじん」だけは詳しく説明したのですが、今回は他の種類についても、少し詳しく見ていきましょう。

まずは､ほとんど疑問の余地が無い「廃プラスチック類」と「金属くず」からいきましょうか。リーサはこれについて、何か質問はありますか？
リーサ：特段無いですね。センサーの目視で大抵はわかります。
BUN：そうですね。ただ、これは後述する「汚泥」との兼ね合いになるのですが、「ペンキ」が不要になったら､何に該当するのか？という疑義や､水俣条約で注目された「水銀」などは､「金属くず」なのか「汚泥」なのか､という課題がありましたね。興味のある方は是非調べてみてね。じゃ、次。今、登場した「汚泥」。
リーサ：これは難しい。そもそも、廃棄物処理法の分類方法って統一的じゃないですよね。「汚泥」は「どろどろしているもの」というニュアンスで、その成分は関係ないのですよね。さっきの「ペンキ」だって、原料はプラスチックに油を加えてどろどろにしているようなものでしょう。油が揮発してしまって、また、固まったらどうなるのですか？
BUN：おっと、いきなり難しい質問がいくつか出てきましたね。まず、一つ目。おっしゃるとおり廃棄物の種類は、1.2.3やA.B.Cや赤、青、黄色のように一つの基準に従って隙間無く、かつ、重複もない形での分類ではありません。1.B.青のような分け方です。だから、重複もしてくるし、逆に「空白」があって、20種類には包含されないんじゃないか？と思えるようなものもある。「青くてBなものはどっちなんだ」みたいな。
リーサ：身近な例では、他にはどんなものがありますか？
BUN：食品が腐ってしまってどろどろになった「物」は動植物性残渣なのか汚泥なのか？ラードやバターで不要になったものは動植物性残渣なのか廃油なのか？出来損ないの炭は燃え殻なのか木くずなのか？まぁ、数え上げたらきりがありません。
リーサ：そういった場合は、現実にはどう考えればいいのですか？
BUN：廃棄物処理法がスタートした直後の昭和46年の通知で、国は次のようなことを言ってるよ。抜粋して紹介するね。

「産業廃棄物がいくつか混合した状態で排出された場合には、廃棄物処理法第二条第四項に規定する六種類の産業廃棄物及び廃棄物処理法施行令第二条に規定する一三種類の産業廃棄物（第二条第一号から第一三号までに規定するもの）が複合した形態で排出されたものとみなしてとらえるものとし、たとえば「硫酸ピッチ」にあっては、廃酸と廃油の混合物としてとらえるものとする……」

この考え方を踏まえて、二つ目の質問の「ペンキ」については、昭和54年11月26日の疑義解釈通知で、「液状の廃合成塗料（ペンキ）は廃油と廃プラスチック類の混合物」と言っています。さらに、「溶剤が揮発し、固型状となっている廃合成塗料は廃プラスチック類に該当する」と言っています。

リーサ：「混合物」という概念なのですね。そう考えれば、たいていの「物」は産業廃棄物20種類の組合せで成立するのかも。

BUN：疑問は尽きないと思うけど、先に進めましょう。次は、「ゴムくず」。

リーサ：「ゴムくず」位は説明しなくてもわかりますよ。

BUN：そう？それでは、廃プラスチック類とゴムくずの違いは？

リーサ：……。そう言われると区別がつかないですね。

BUN：これは廃棄物処理法スタート時の通知で、「ゴムくずとは天然ゴム」という解釈がなされているんだ。

リーサ：通知もインプットしないと……。現在、身の回りにある「ゴム」って大抵は合成樹脂、つまり、プラスチック。そういった物は「ゴムくず」ではないのですね。

BUN：そうなるね。どうも、廃棄物処理法がスタートした時点（昭和45年）で、法律を作った人は、プラスチック類がこれ程世の中に「幅を利かせる」とは思っていなかった節がありますね。今となってみると、わざわざ産業廃棄物20種類の一つとして、「ゴムくず」を入れておく必要性はないよなぁと私も思います。

と、言う訳で、「ゴムくず」とは「天然ゴム」だけ。だから、現在では「輪ゴム」とか、特殊なタイヤなどに限定される廃棄物です。

次に、「がれき類」、これはどうですか。

リーサ：「がれき」を電子辞書で検索すると「かわらと小石。破壊された建造物の破片など。」と掲載されています。よく、テレビの地震、津波、水害のニュース等でも、「あたり一面がれきの山です」などと言っていますね。そう考えると、建造物の残骸だから、コンクリート、アスファルト、木くず、紙くず、繊維くず、プラスチックなどが「がれき類」ですか。

BUN：日本語としては間違ってはいないけど、廃棄物処理法としては大きな間違い。

リーサ：……。

BUN：実は、廃棄物処理法政令第6条第1項第3号イ（5）で、「政令第2条第9号に掲げる廃棄物」と定義していて、これは「コンクリート、これに類する不要物」ということで、コンクリートとアスファルトのみ「がれき類」と呼称します。木くずや紙くずは「がれき類」とは呼ばないんだね。

リーサ：言われることは理解しましたが、なぜ、それが「大きな間違い」なんですか。どうして「木くず、紙くず、繊維くずをがれき類に入れるのは大きな間違い」なんですか？

BUN：「そもそも」になりますが、リーサは、そもそも、なぜ産業廃棄物を20種類に分けたと思いますか。

リーサ：自問したこともなかったけど、言われれば、「その先のこと」、具体的には、処理の方法や処理施設が違ってくるからではないですか。

BUN：正解。今考えると「なんでこんな分け方に」って思う物も少なくないけど、廃棄物処理法がスタートした時点では、妥当だったんでしょうね。

リーサ：確かに、金属くずと動植物性残渣は、同じ処理という訳にはいきませんね。特に、リサイクルを考えると、産業廃棄物の性状や量にあわせた処理方法、つまり「受け皿」が必要だと思います。

BUN：廃棄物処理法がスタートした昭和45年の時点では「リサイクル」の理念はあまりなかったとは思いますが、少なくとも「埋立地行きにするか、焼却炉行きにするか」程度の分類は必要だったでしょうね。産業廃棄物の場合は、さらに、廃酸・廃アルカリなら「中和」、汚泥なら「脱水」というレベルの処理方法はありましたし。

リーサ：それと「がれき類」はどう関係してくるのですか？

BUN：リーサは「埋立地」は何種類あるか知っていますか？

リーサ：実際に現場を見たことはありませんが、記憶した法令の中に、管理型とか安定型とかが出てきますね。

BUN：そうです。埋立地、最終処分場には現在、遮断型、管理型、安定型の3種類があります。詳細は、相当高度な話になるので、今回は概略だけ説明しておきましょう。

まず、遮断型最終処分場というのは、有害な産廃をそのまま埋められる埋立地で、「世の中から遮断してしまいましょう」ということで付けられた名称が「遮断型」。構造的には分厚いコンクリートのプールです。ただ、ここに埋めても有害性が無くなる訳ではないので、最近は、埋める前に中間処理をして有害性を無くして、別の処理ルートで処理するという方法が一般的です。そのため、全国的にも遮断型は少なくなってきています。

次の「管理型最終処分場」の特徴は、遮水シートや水処理施設がついていることです。汚水が発生するような産廃も受け入れることができます。ここから発生する汚水は遮水シートで集水され、水処理施設で処理されてから放流されます。だから、腐っていく動植物性残渣や汚泥なども埋めることができます。腐っていくのを長く管理していかなければならない、排水を管理して行かなくてはならない、ことから付いた名称が「管理型」という訳です。

最後が、「安定型」ですが、この最終処分場は管理型のような遮水シートや水処理施設がついていません。語弊がありますが、構造的には「素堀の穴」です。もちろん、土木構造的には頑丈に作りますが。そのため、安定型最終処分場に汚水が発生する産廃が入ると、遮水シートがありませんから、地下水汚染に繋がってしまいます。だから、安定型最終処分場には、「性状的に安定している産廃しか埋めてはいけない」としているんです。そこで、ついた名称が「安定型」と言う訳です。

リーサ：なるほど！それでは「性状的に安定している産廃」とはどのようなものですか？

BUN：これは廃棄物処理法政令第6条第1項第3号イで定義している、廃プラスチック類、ゴムくず、金属くず、ガラス陶磁器くず、そして「がれき類」なんです。5種類あるものですから、これを総称して昔から「安定5品目」と言っています。ただし、平成18年の改正で、現在は「アスベストの溶融物」がこれに追加されています。

リーサ：安定5品目ですか。これが汚水などが発生しなくて、性状的に安定している物になる訳ですね。たしかに、ガラスは腐ったり、汚水が出たりはしないですね。

BUN：そこで、話は戻るわけですが、木くずや紙くずは長い年月では、やはり、腐っていきます。そのため、これらは管理型対象の産廃で、安定型最終処分場には入れてはいけない、としているのです。

リーサ：なるほど。だから、「木くず、紙くず、繊維くずをがれき類に入れるのは大きな間違いだ」ということに繋がる訳ですね。

BUN：管理型と安定型最終処分場は、その設備投資代も大きく違ってきます。維持管理費も違ってきます。だから、おかしげな業者は処理料金を安くあげたいがために、本来であれば管

図表・画像9●遮断型最終処分場

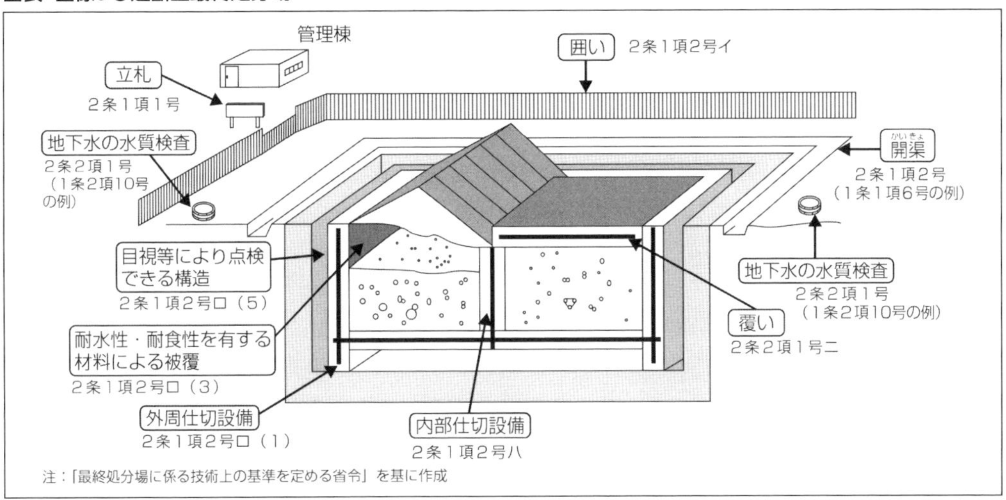

出典：2021年度産業廃棄物又は特別管理産業廃棄物処理業の許可申請に関する講習会テキスト、（公財）日本産業廃棄物処理振興センター

図表・画像10●管理型最終処分場

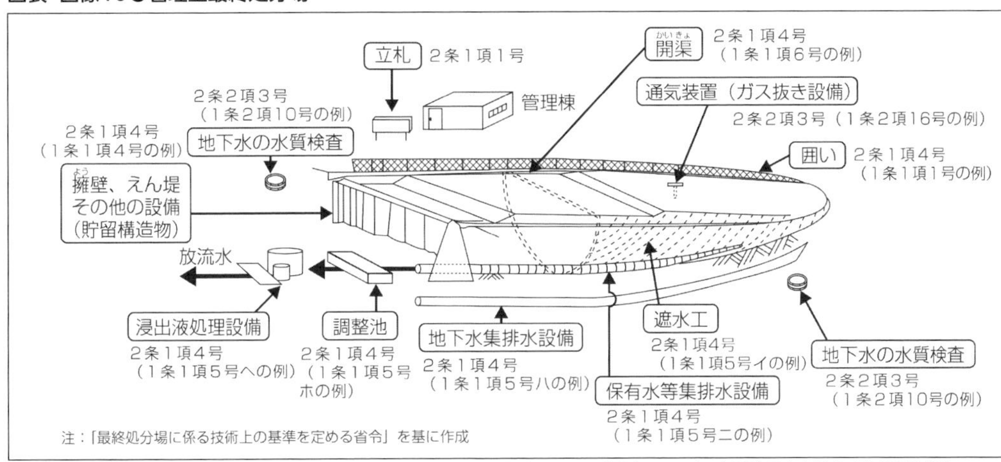

出典：2021年度産業廃棄物又は特別管理産業廃棄物処理業の許可申請に関する講習会テキスト、（公財）日本産業廃棄物処理振興センター

図表・画像11●安定型最終処分場

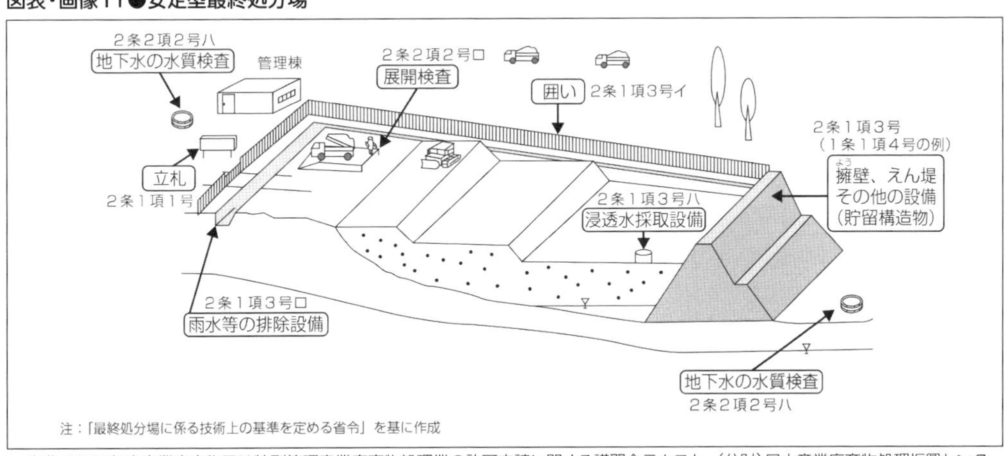

出典：2021年度産業廃棄物又は特別管理産業廃棄物処理業の許可申請に関する講習会テキスト、（公財）日本産業廃棄物処理振興センター

図表・画像12●「がれき」の違い

廃棄物処理法の「がれき」
(産業廃棄物の収集、運搬、処分等の基準)
第六条
(5) 第二条第九号に掲げる廃棄物(事業活動に伴つて生じたものに限る。第七条第八号の二において**「がれき類」**という。)
(産業廃棄物)
第二条　法第二条第四項第一号 の政令で定める廃棄物は、次のとおりとする。
九　工作物の新築、改築又は除去に伴つて生じたコンクリートの破片その他これに類する不要物

日本語としての「がれき」(大辞泉の解説)
かわらと小石。
破壊された建造物の破片など。

日本語としては、地震、津波、水害等により発生した建造物の残骸等を全て、「がれき」と称している。だから、コンクリート、アスファルトの他にも木くず、紙くず、繊維くず、プラスチックなども「がれき」と称している。しかし、廃棄物処理法ではコンクリート、アスファルトしか「がれき類」とは呼称しない。

理型に入れなければならない産廃も安定型最終処分場に入れたがります。排出者としても、そのあたりは注意しなければいけません。

リーサ：これから、現地確認も経験しますが、そこもしっかり見なければいけないですね。

BUN：「現地確認」と言う言葉が出たので、ついでなのですが、安定型最終処分場には「展開検査」というものも義務づけられています。これは、本来安定型最終処分場に入れてはいけないものが混入していないか、を、穴に入れる前に確認する検査でして、穴に入れる前に必ず一回「展開検査場」に拡げて検査しなければならない、という規定です。現地確認に行ったときは、是非、この展開検査も確認してきてくださいね。

＜BUN先生の今回のまとめ＞

- ○産業廃棄物は20種類規定されているが、それが「単品」で排出されるとは限らない。
- ○物によっては産業廃棄物が「混在している」と考え、何種類かの「混合物」と判断される場合も多い。
- ○「ゴムくず」とは天然ゴムだけ。合成ゴムは廃プラスチック類になる。
- ○「産業廃棄物は20種類」とは、元々その先の処理方法に合わせた区分を意図した。
- ○最終処分場は遮断型、管理型、安定型の3種類。
- ○管理型最終処分場は、遮水シートや水処理施設がついているので、汚水が発生するような産廃も受け入れることができる。
- ○安定型最終処分場は遮水シートや水処理施設がついていない。廃プラスチック類、ゴムくず、金属くず、ガラス陶磁器くず、がれき類の「安定5品目」だけが処理の対象。
- ○「がれき類」とはコンクリート、アスファルトだけ。木くずや紙くずは「がれき類」ではないので安定型最終処分場に入れてはいけない。

1-7 許可制度

(1)「許可」とは？

リーサ：次はどのような話になりますか？

BUN：「区分」の話も、13号処理物とか特別管理一般廃棄物、特別管理産業廃棄物などまだまだあるのですが、それはレベルがぐっと上がりますから、また別の機会（特別講座や上級編）で取り上げましょう。

ここでは、最初に話しました「基礎知識」の2つめ、「許可制度」に入りましょう。

そもそも「許可」ってなんだと思いますか?。

リーサ：情報がインプットされていません。「御上からいただくありがたいもの」という感じですか（笑）。

BUN：江戸時代じゃあるまいし（笑）。行政学上は許可とは「禁止行為の解除」などといわれているみたいだね。

リーサ：「禁止行為の解除」？初めて聞きます。

BUN：そもそも、「人間は生まれながらに自由だ」という原則的な考えがある。

リーサ：基本的人権とか言論出版の自由というものですか？

BUN：もっと単純に、眠くなれば寝る自由。歩きたければ歩き回る自由。そう考えてみて下さい。だから、原始人は自由だった。でも、社会が発展して、なんでもかんでも個人の思い通りにできない状態になってきた。いくら、「自由」だからといって、隣の人をぶん殴ったり、物を奪ったりしてはだめでしょう。

リーサ：「人を殴る自由」があったら、いつ自分が殴られるかわからないし、「人の物を奪ってもいい自由」があったら、いつ自分の物が奪われるかわかりませんね。

BUN：そこで、本当は自由なのですが、社会秩序の妨げになるような行為を禁止したのです。

リーサ：物理的には「できる」けど、「やってはだめだよ」というルールですか。

BUN：そうだね。身近な「許可」の例としては、旅館や飲食店なんかがあるね。

リーサ：そう言えば、友達のロボットと旅行した時に、ホテルのフロントの片隅に保健所の許可証を掲示しているのを見たことがあります。人間が大好きな焼鳥屋のレジの後ろにも「○○保健所長」と書いた許可証がぶら下がっています。

BUN：考えてみると、人を泊めてあげることや食事を作って食べさせてあげることなんて、たいていの人はできる。でも、ろくな施設が無いところで、まともな知識を持っていない人が反復継続してそれを繰り返せば、食中毒が起きたり、感染症が発生したりする。そこで、本来は誰でも出来る行為だけど、一旦それを「禁止」するのです。「やってはだめだよ」と一律に禁止し、一定の条件、たとえば、客室が10室以上あるとか、風呂やトイレが整備されているとか、台所の面積が確保されているとか、消毒された水道水が来ているとか、そういう要件を満たす人にだけ「あなたはやっていいですよ」と「禁止」を「解除」する。これが、旅館や飲食店の許可という訳ですね。

リーサ：分かりました。でも、どうして廃棄物の処理を許可制にしているのですか？

BUN：安易に考えれば、「ごみは誰でも運べる」レベルに捉えるかもしれないけど、廃棄物は物によっては有害であったり、悪臭がきつかったり、少なくともその人にとっては「不要」な物な訳です。こういった「物」は自分の近くにあって欲しくない。だからこそ、不法投棄が起きる訳です。

リーサ：確かに、大切なのものだったら、しっかり収納してしまっておくから、不法投棄は起きないですね。

BUN：このように廃棄物には、「有害」「悪臭」「不要」等の潜在的リスクがある。そういう「物」をなんの知識もない､ろくな施設もないという人物に反復継続的に扱わせるわけにはいかない。

リーサ：それで「許可」制度を採用しているって訳ですね。

BUN：だから、許可を取得するためには、それなりの要件がある。収集運搬の許可であれば、産業廃棄物を飛散、流出、悪臭等を発生させないで運搬できる「車両」を所有（占有的利用）しているか、経営者は産業廃棄物に関する知識を持っているか ── 等の審査があり、申請すれば誰でも許可が取れるってことではないのです。

リーサ：なるほど。中間処理なら中間処理の、最終処分なら最終処分の適正な施設や人材がいなければ許可が受けられないということですね。

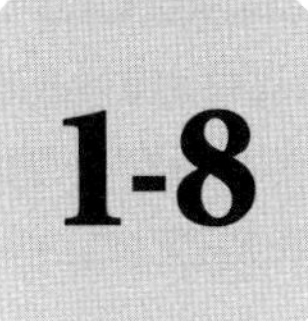

1-8　処理業許可制度

BUN：そのとおり。だから、廃棄物の許可は一つではありません。これまで勉強してきたように、廃棄物には「区分」と「種類」がありましたね。
リーサ：一般廃棄物と産業廃棄物。産業廃棄物はさらに20種類に分類されているということですね。
BUN：正解。さらに、まだ詳しくは説明していないのですが、「特別管理」という分類もありましたね。だから、廃棄物の処理業の許可は、大きくは一般廃棄物と産業廃棄物、産業廃棄物はさらに20種類ごとの許可なんです。
　ここまでが、「許可の考え方」と許可は廃棄物の種類ごと、ということですね。廃棄物処理業の許可はさらに細分化されています。

図表・画像13●「区分」のイメージ

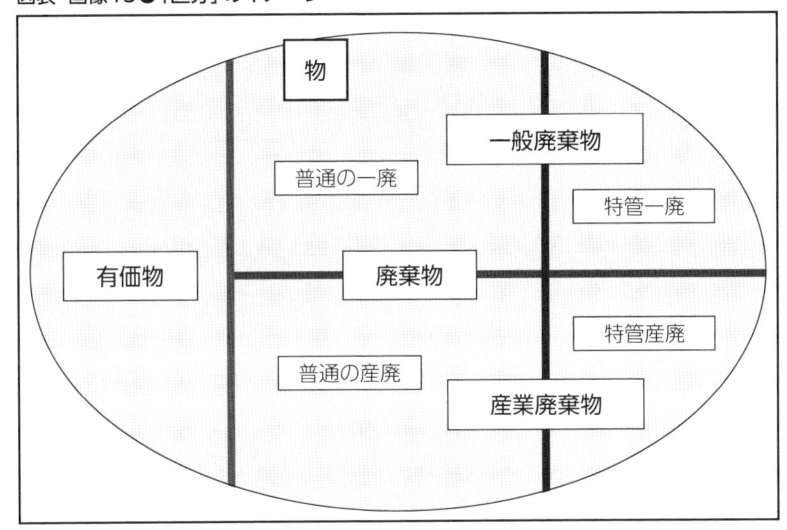

リーサ：どのように細分化しているのですか。
BUN：「処理業」の許可は、「物の種類」とともに「処理の種類」ごとに必要になります。
この「処理の種類」は、大きく「収集運搬」と「処分」に分かれます。
したがって、廃棄物処理業の許可は、

1. 一般廃棄物収集運搬業
2. 一般廃棄物処分業
3. （普通の）産業廃棄物収集運搬業

4. （普通の）産業廃棄物処分業
5. 特別管理産業廃棄物収集運搬業
6. 特別管理産業廃棄物処分業

の6分類になります。

リーサ：あれ？ 廃棄物の区分には特別管理一般廃棄物っていうのもありましたよね？ どうして、処理業の許可には特別管理一般廃棄物処理業というのがないのですか？

1-9 特別管理一般廃棄物処理業の許可

BUN：その話はなかなか難しいのですが、この機会に簡単に説明しておきましょう。特別管理一般廃棄物というのは、①感染性廃棄物、②PCB廃棄物、③「ばいじん」、④「廃水銀」の4つです。

まず、①感染性廃棄物は、これは「必ず」と言っていいほど、感染性産業廃棄物と混在して発生します。

リーサ：どうして「必ず」なんですか？

BUN：感染性廃棄物というのは、排出場所が病院や診療所といったように政令と省令で発生場所が限定されています。それらは全て「事業所」なので、「事業活動に伴って」発生します。一般家庭はこの政省令の「発生場所」には規定されていませんから、いくら血の付着した廃棄物が家庭から出てきたとしても、それは「感染性廃棄物」とは呼ばないのです。

感染のリスクがあるのは「血液」や「リンパ液」などになる訳ですが、「血液」は廃棄物の種類としては、「液状なら廃アルカリ」「固まっていれば汚泥」という解釈通知が過去に出されています。

図表・画像14●感染性廃棄物

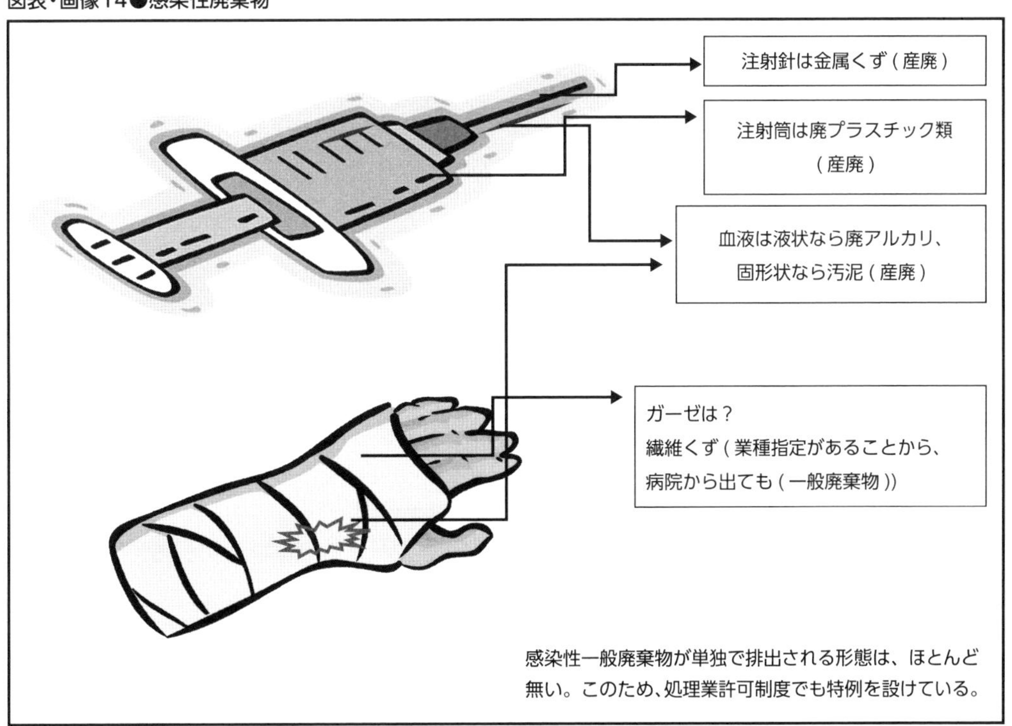

リーサ：「血液」や「リンパ液」は廃アルカリや汚泥。したがって、事業活動に伴って発生する「血液」や「リンパ液」は産業廃棄物ということですね。廃アルカリや汚泥は業種の指定が無いですから。

BUN：そのとおり。そして「感染性」になるためには、血液やリンパ液が付着していなければ、「感染性」にはならないですね。では、感染性一般廃棄物とはなにか？ これは「血液」等が付着した「包帯」「ガーゼ」といった物になるわけです。

リーサ：なるほど、「包帯」「ガーゼ」は廃棄物の種類で言えば「繊維くず」。「繊維くず」の指定業種は繊維工業や建設業に限定されている。病院や医療機関は、指定業種ではない。したがって、病院から排出される包帯やガーゼは一般廃棄物。この一般廃棄物に産業廃棄物である血液が付着して出てきて、はじめて感染性一般廃棄物という理屈ですね。

BUN：だから、「感染性一般廃棄物だけが出てくる」というパターンはほとんど考えられず、「必ず」感染性産業廃棄物と混在一体として出てきてしまう、ということですね。

そのため、感染性廃棄物に関しては、処理業許可について特別ルールを作っているのです。

それが、廃棄物処理法第14条の4第17項を受けた省令第10条の20第2項の規定により、感染性産業廃棄物の許可を受けた者は、感染性一般廃棄物の処理を「行える」というものです。

リーサ：感染性一般廃棄物については、特別管理一般廃棄物処理業の許可制度は無くても十分ということですね。でも、残りの3つはどうしてなんですか？

BUN：③「ばいじん」も感染性廃棄物と理屈は似ています。まず、一般廃棄物としての「ばいじん」というのは、「一般廃棄物を焼却して出てくる」ことしか考えられません。そして、「一般廃棄物を焼却」しているのは、そのほとんどが市町村です。市町村が直営で、これを処理する時はもちろんなのですが、民間にこの処理を「委託する」という時も「許可は要らない」という規定があります。(法第7条第1項を受けた省令第2条第1号)

さらに、感染性廃棄物と同様に法第14条の4第17項を受けた省令第10条の20第2項でも規定しています。

リーサ：②のPCB廃棄物も同じような理屈ですか？

BUN：これはちょっと違っていまして、PCBは戦後間もなく日本に入ってきて、当時は「夢の素材」としていろんなところに使われました。ところが、昭和40年代に、有害性が明確になり、昭和47年の時点で「新たな製造と販売」は禁止されたんですね。この時点までに既に家庭用のエアコン、テレビ、電子レンジの3製品には、PCBを使用したコンデンサが使われていたようです。家庭生活から排出されれば、「事業活動を伴って」いないので、これはどんな物が出てきても一般廃棄物となります。

当時は、まだ家電リサイクル法はありませんから、「粗大ごみ」として市町村の手によって集められました。市町村（ごみ処理施設、クリーンセンター）に集められたこれらの製品は、担当者が銘板で確認し、粗大ごみ処理施設の片隅に取り置きしていたようです。そして、数ヶ月に1度程度、メーカーの担当者が、PCBを使用している部品を抜き取り回収していたようです。

リーサ：国策として、回収していたので、民間の業者が参入する必要性が無かったということでしょうか。④の「廃水銀」はどうですか？

BUN：「廃水銀」は、水俣病というとても残念な歴史的事件を経験した日本が世界をリードして「水俣条約」という国際的なルールを推進しました。ただ、この国際条約の関連もあってか、とても複雑なルールになってしまいました。詳細はガイドラインが出ていますので、そちらで勉強してください。
リーサ：難解ですね。とりあえず「特別管理一般廃棄物たる廃水銀」についてのみ教えていただけますか？
BUN：「特別管理一般廃棄物たる廃水銀」は「家庭から排出された水銀を使用している製品等から回収された水銀」の旨規定しているので、この特別管理一般廃棄物たる廃水銀を排出する人物は極めて限られます。そのため、特別管理産業廃棄物である「廃水銀等」を扱える許可業者は、特別管理一般廃棄物たる廃水銀も扱うことが出来ると規定しています。
リーサ：特別管理一般廃棄物については「分類はあるが許可制度は無い、必要ない」ということで、条文上は制定していないということですね。今回は、廃棄物処理法の歴史的経緯も勉強できて、なぜ、この制度があるのか？その制度はないのか？もわかってよかったです。
BUN：それでは、折角、特管物の話になったので、「許可制度」に入る前に、「特別講座」として「特別管理廃棄物」について、少し踏み込んでみることにしましょう。

＜BUN先生の今回のまとめ＞
○「許可」とは「禁止行為の解除」であり、誰でもやっていいというものではない。
○他人の廃棄物を扱うことは原則禁止されていて、これをするためには廃棄物処理業の許可が必要。
○廃棄物処理業の許可は一つではない。
1. 一般廃棄物収集運搬業
2. 一般廃棄物処分業
3. （普通の）産業廃棄物収集運搬業
4. （普通の）産業廃棄物処分業
5. 特別管理産業廃棄物収集運搬業
6. 特別管理産業廃棄物処分業
の6分類
○特別管理一般廃棄物については「分類はあるが許可制度は無い」

「特別管理廃棄物」

リーサ：ここで、「特別講座」ですか？

BUN：特別管理産業廃棄物は「基礎知識」のレベルをはるかに超えているんですよ。だから、初級者が踏み込むと迷路に迷い込んだようになり、混乱するおそれがある。とは言え、ある程度知っておかないと廃棄物処理法の全体像が掴めません。

リーサ：処理業許可の一分野に「特別管理産業廃棄物処理業許可」がありますからね。

BUN：そうなんです。そこで、初級者に必要な知識だけについてお伝えしておきたい。ただ、そうなると「厳密に言うと正確ではない」というものになってしまう。なにしろ、いろんな条件や例外があるからね。

リーサ：なるほど。それで特別講座ということですか。「ここだけ」、というか、「ここは他にも増して」、というか、「正確ではない」けど、そこは覚悟してお付き合いしてくださいということですね。

1. 全体的概念

BUN：まず、全体像について。題名にしておきながら、なんなんだけど、実は、廃棄物処理法上「特別管理廃棄物」という分類はありません。

　その包含関係を概念図で表すと次のようになります。

図表・画像15●特別管理廃棄物の概念図

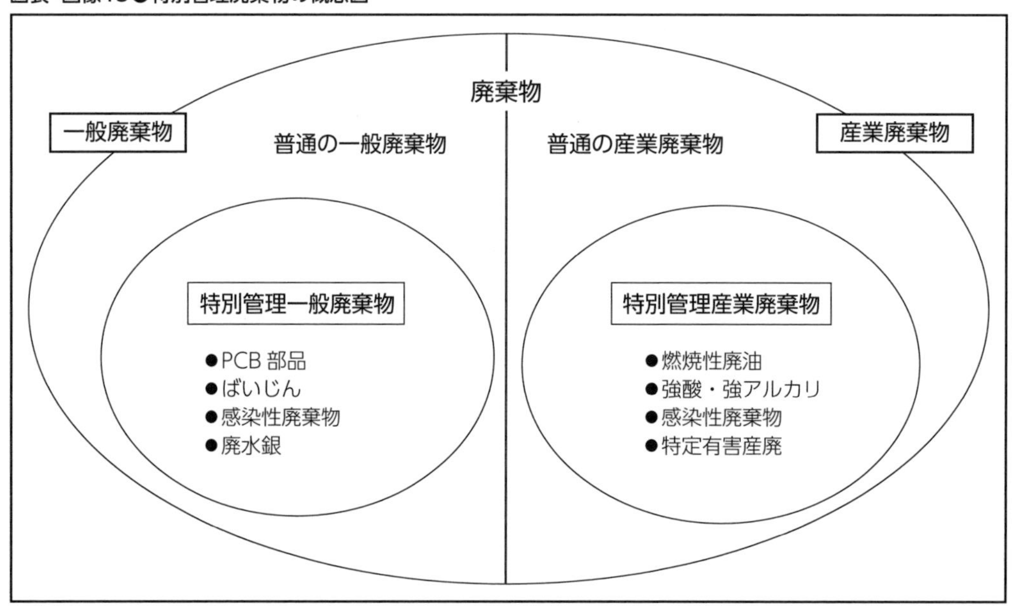

リーサ：よく見ると特管一廃と特管産廃は違うのですね。
BUN：あとで詳しく取り上げるけど、たとえば特管産廃には「燃焼性廃油」があるけど、特管一廃には無い。だから、変質灯油が事業所から排出されると特管産廃になるけど、家庭生活から排出された時は特管一廃にはならず「普通の一般廃棄物」になってしまうんだ。
リーサ：性状的には全く同じ変質灯油がですか？ 理屈に合わない分類ですね。
BUN：制度制定にはそれなりの理由があってのこととは思うけど、それが実態なんです。
リーサ：承知しました。私の電子頭脳では納得はできていないけど……。
BUN：1-3でも述べたとおり、廃棄物は一般廃棄物と産業廃棄物に大別されます。
　そのうえで、一般廃棄物のうち、爆発性、毒性、感染性等の要因で、特に扱いに注意を要する物を特別管理一般廃棄物としました。したがって、特別管理一般廃棄物は一般廃棄物です。
リーサ：いくら性状的にリスクが高いとしても一般廃棄物は一般廃棄物ということですね。特管一廃と言っても、やはり、一般廃棄物で、産業廃棄物ではないということですね。
BUN：ただ、こうなると「特別管理一般廃棄物以外の一般廃棄物」を指し示す適当な表現が、法令上は規定されていないため、誤解を招きやすくなります。
　そこで、「特別管理一般廃棄物以外の一般廃棄物」を「普通の一般廃棄物」と呼称しているのです。
リーサ：なるほど、「一般的な一般廃棄物」などと呼ぶとますます紛らわしいですからね。
BUN：産業廃棄物も同様に、産業廃棄物のうち、爆発性、毒性、感染性等の要因により、特に扱いに注意を要する物を特別管理産業廃棄物としました。したがって、特別管理産業廃棄物は産業廃棄物であり、同様に「特別管理産業廃棄物以外の産業廃棄物」を「普通の産業廃棄物」と呼称しています。
リーサ：ここまでは理解しました。
BUN：よって、まず、一般廃棄物と産業廃棄物の区分があるから、「事業活動が伴わない」で「特別管理産業廃棄物」になるものはあり得ません。
　また、基礎編で説明した「事業系」「指定業種」の関係はここでもついて回ることになります。
リーサ：最初に廃棄物を「普通の廃棄物」と「特別管理廃棄物」に区分してから、それを一般廃棄物と産業廃棄物に区分したのではなく、まずは一般廃棄物と産業廃棄物という区分からスタートしているから、このような非常にややこしい話になってしまったのですね。
　どうして、最初から「特別管理廃棄物は別物」にできなかったのですか？
BUN：「特別管理」という制度は国際的なルールである「バーゼル条約」に合わせるために平成4年からスタートしたのものです。廃棄物処理法は昭和45年から施行されていて、この時点で既に四半世紀が経過していました。そのため、世の中の様々なところで、一般廃棄物と産業廃棄物を土台とする制度が出来上がっていたので、それを全て取り払って一から制度を作り直すことが出来なかったからかもしれませんね。
　それでは具体的に見ていくことにしましょう。

2. 特別管理一般廃棄物

　特管一廃については既に1-9の「特別管理一般廃棄物処理業の許可」の時に説明していますので、概要の復習にしましょう。初心者のうちは、大別すれば次の4つと覚えておけばいいでしょう。
①PCB部品　②ばいじん　③感染性廃棄物　④廃水銀

①PCB部品

かつて（昭和47年にPCBの製造・販売が禁止されたので、遅くともそれまで）作られたテレビ、電子レンジ、エアコンにPCBを使用したコンデンサーが使用されているものがある。これらは一般家庭から廃家電として排出される訳なので、事業活動が伴わない。したがって一般廃棄物であり、PCBは有害であることから、特管一廃としているものです。（政令1条第1号）

図表・画像16●テレビ

②ばいじん

「ばいじん」とは、「ごみ」を焼却した時に発生する「すす」です。このすすの中にはダイオキシンが高濃度で入り込む可能性がある。また、廃棄物処理法では原則として「一般廃棄物を処理して発生する残渣物は一般廃棄物」との運用をしてきています。すなわち、焼却以前にすでに「ごみ」一般廃棄物であった「物」を処理（焼却）して、発生した「ばいじん」は、やっぱり一般廃棄物との考えです。

なお、ばいじんそのものだけでなく、このばいじんを処理するために様々手を加えた「物」も一般廃棄物で、基準に適合しなければ引き続き特別管理一般廃棄物と規定しています。この規定が政令1条第2～7号です。

③感染性廃棄物　④廃水銀

感染性廃棄物と廃水銀は、1-9の「特別管理一般廃棄物処理業の許可」の話で、ひとまず十分でしょう。

3. 特別管理産業廃棄物

BUN：特別管理産業廃棄物を大きく分類すると①燃えやすい廃油、②強酸・強アルカリ、③感染性産業廃棄物、④特定有害産業廃棄物の4種類に、輸入された特別管理産業廃棄物を加えたものとなります。

リーサ：32頁、図表・画像15の「特別管理廃棄物の概念図」ですね。

①燃えやすい廃油

BUN：政省令の規定の仕方は非常にまわりくどいのですが、結論を言えば、「燃え易い廃油」として、特管産廃に指定されているのは「揮発油類、灯油類及び軽油類」ということになります。

リーサ：「揮発油類、灯油類及び軽油類」と言っても、廃棄物として排出される「物」は純正品ではありえないですよね。現実には黒い、ドロドロした状態で排出されるから、元々ガソリンだったのか、重油だったのか、ギア油だったのか、判別が付かなくなるのではないですか？

BUN：そこで、「揮発油類、灯油類及び軽油類」の例示と政令の趣旨を踏まえて、消防法で危険物として規定する第4類第2石油類制定の物品が「引火点70度未満」としていることから、この「引火点70度未満」を特管廃油として取り扱ってきています。

ちなみに、「引火点70度未満」とは、廃棄物処理法上はどこにも規定されていません。

リーサ：廃棄物処理法でも「引火点70度未満の廃油」って規定してくれれば分かり易いのですが……

図表・画像17●廃油

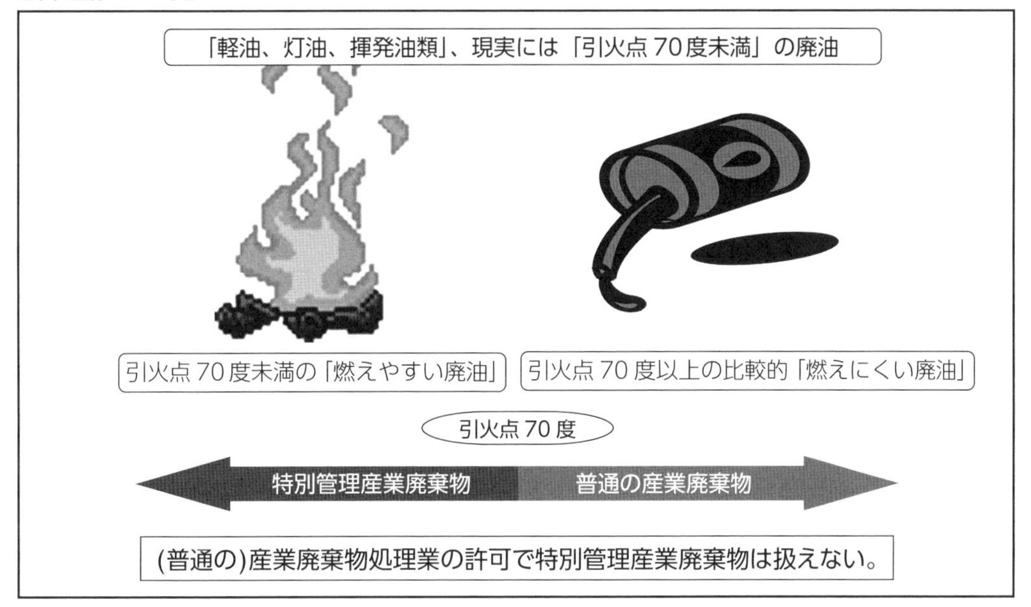

②強酸・強アルカリ

BUN：強酸・強アルカリはPHが2以下の強酸と12.5以上の強アルカリです。

図表・画像18●廃酸・廃アルカリ

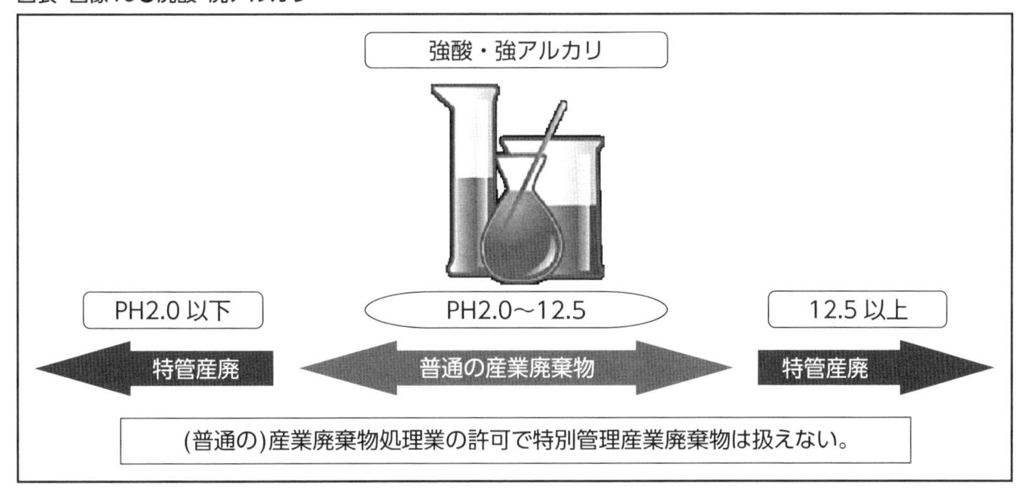

③感染性

感染性廃棄物については、特別管理一般廃棄物で述べたとおりです。

④特定有害産業廃棄物

BUN：次が廃棄物処理法の中でも「わかりにくさ」ベスト3に入ると思われます「特定有害産業廃棄物」です。最初に述べましたが、ここは「厳密性」は犠牲にして説明します。あくまでも「概要」ですので、実際の業務に関わる方は、法令集等でしっかり勉強して下さい。

まず、特定有害はさらに4つに大別されると整理した方がわかりやすい。

リーサ：特別管理産業廃棄物の中に、さらに小グループである特定有害産業廃棄物というのがあって、その特定有害産業廃棄物はさらに4つの種類があるということですか。

BUN：はい。そのとおりです。図表・画像19を見て下さい。

1) PCB関連廃棄物、2) 廃石綿等（「廃石綿等」は「等」という文字を含むがまずはこれで「固有名詞」と認識した方がわかりやすい。詳細後述。）、3)「有害金属等を含む産業廃棄物」、4) 廃水銀等　です。

図表・画像19●特定有害産業廃棄物

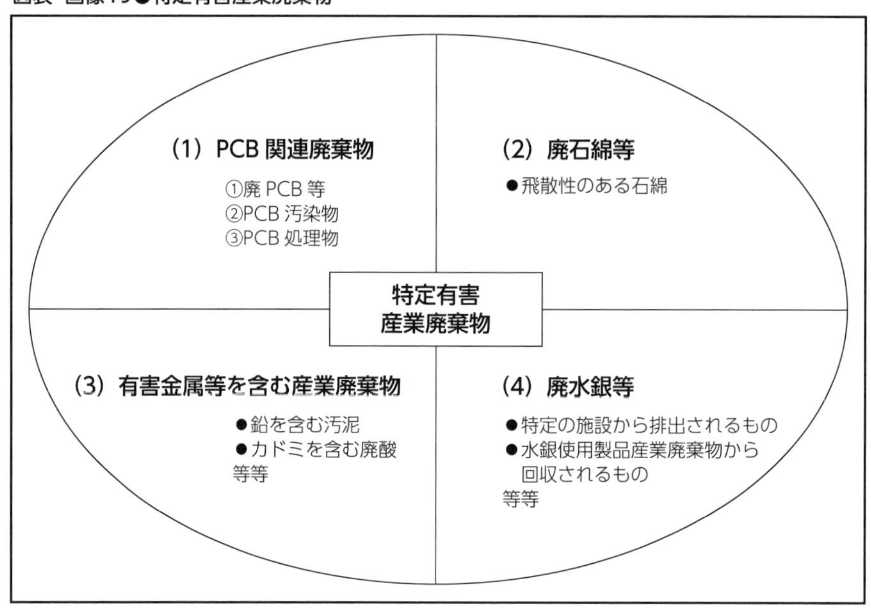

1) PCB関連廃棄物

PCB関連廃棄物はさらに i 廃PCB等、ii PCB汚染物、iii PCB処理物の3つの分類があります。廃PCB等には、廃PCBとPCBを含んでいる廃油が指定されています。

PCB汚染物には、PCBが塗布されたり、染み込んだり、封入されたり、付着した汚泥、紙くず、木くず、繊維くず、廃プラスチック類、金属くず、陶磁器くず、がれき類が該当します。

リーサ：「PCB処理物」と聞くと、日本語としては「既に処理が終了した物」と思ってしまいますが、それがなぜ引き続き特管産廃なのですか？

BUN：PCB処理物とは、廃PCB等又はPCB汚染物を処分するために処理したものですが、処理した後に検査したところ、それでも、環境省令で定める基準に適合しないものなのです。

リーサ：手を掛けたけど処理が完了していない、つまり「卒業できない」、落第生ということですか。

BUN：そのため、引き続き特管産廃となってしまう物なのです。

ちなみに、この判定基準は一般に「卒業基準」と呼ばれています。PCB廃棄物を無害化処理し、PCB廃棄物でなくなったか否かを判定する基準ですね。

廃PCB等やPCB汚染物を処理し、処理後物について、PCB卒業基準による検証を行う。その後、適合していることを確認できればめでたくPCB廃棄物を卒業することになるが、不適合の場合は引き続きPCB処理物として再処理する必要があります。

リーサ：つまり、この「PCB処理物」はPCBの処理工場からしか発生しないということになりますね。時折、先輩方が「高濃度PCB」とか「低濃度PCB」といった言葉を使っていますが、これはPCB廃棄物の種類ではないのですね。

BUN：はい。「高濃度PCB」「低濃度PCB」はPCB特措法や大臣告示に登場する言葉で、「無害化処理」、その多くは焼却ですが、その対象にできるかどうか、という班分けみたいなもので、廃棄物の種類ではありません。

2）廃石綿等

BUN：アスベスト（石綿）は廃棄物処理法上、大きく2つに分類されます。

飛散性がある「廃石綿等」と、飛散性がない「石綿含有廃棄物」です。

リーサ：なぜ「飛散性」の有無で分けているのですか？

BUN：石綿の主たるリスクは、細い繊維が飛散し、それを吸い込むことにより肺胞に突き刺さり、中皮腫等の疾病を引き起こすことにあります。そのため、飛散するかしないかにより、リスクが大きく異なってくるのです。まさに、「飛散」性のある石綿は「悲惨」な状態になるので「廃石綿等」という分類にし、特別管理産業廃棄物としたものである、とでも覚えておけば記憶しやすいかもしれませんね。

図表・画像20●石綿顕微鏡写真模式図

アスベスト顕微鏡写真の模式図。ストローの先端をカッターで斜めに切断したような形。中空のために飛散性があり、吸い込むと肺の奥まで到達し突き刺さる。髪の毛の5千分の1の大きさ。

一方、石綿含有廃棄物とは、石膏ボードやスレート板などで、強度や耐熱性を増加させるために、石綿を塗り込めたもの等です。塗り込めていますから、飛散性はほとんどないとされています。ただし、処理の途中で破砕や切断等を行うと塗り込めていた石綿が飛び散らないとも限らない。そのため、独自の処理基準等が設けられています。

リーサ：そう言われれば、委託契約書やマニフェストにも石綿含有産業廃棄物については特記するようにしていましたね。そういう理由があるからですか。

BUN：石綿含有産業廃棄物は廃石綿等と比較し、リスクが格段に低いことから「普通の産業廃棄物」に分類されています。

3）有害金属等を含む産業廃棄物

BUN：次は特定有害産業廃棄物の中でも特に難しい「有害金属等を含む産業廃棄物」です。「有害金属等」には、水俣病の原因となった水銀、イタイイタイ病の原因となったカドミウムなどの「金属」の他に、トリクロロエチレン、テトラクロロエチレン等の溶剤も入っており、ダイオキシン類を含め全部で25の物質（アルキル水銀と総水銀を1つと数えると）が規定されています。ただ、ややこしいのは、これらが含有、溶出するからと言って全てが特別管理産業廃棄物になっている訳ではないという点です。

リーサ：有害物が入っているからと言って特別管理産業廃棄物とは限らないということですか？

BUN：はい。まず、前述の通り「有害物を含む」の「有害物」ですが、これは「水銀」「カドミ」……等25の物質が指定されています。

リーサ：となると、猛毒で有名な「ふぐ毒」テトラドトキシンなど高濃度で入っていても特別管理産業廃棄物にはならないということですね。

BUN：はい。そのとおりです。さらに、これらの濃度が規定されています。加えて、これらを含む物が規定されている。化学を専攻した人にとっては、「溶媒」という概念があっている感じがしています。さらに、加えて、これらが排出される施設の種類（業種）が指定されています。

リーサ：ということは……「有害物を含む」ことによって特別管理産業廃棄物となるためには、特定の有害物を、一定の濃度以上含む、定められた物品で、一定の業種から排出される産業廃棄物ということになるということですか。

BUN：そのとおり。たとえば、これを具体例で表せば

「鉛を、1mg/l以上含む、廃酸で、電気メッキ施設（水質汚濁防止令別表第1第66号に規定する施設）から排出される産廃は特別管理産業廃棄物」となる、といった具合です。

この規定の仕方がいくつもの別表を横断的に見なくてはならず、最後は他の法令である水質汚濁防止法や大気汚染防止法の特定施設の表まで見なくてはならなくなります。

リーサ：一般の人がこれを全て記憶することは無理ですね。

BUN：私も覚えておくのは無理です。それで必要な時には、一覧表で確認することがよいと思います。この一覧表は、JWの特別管理産業廃棄物管理責任者講習会のテキストなどに掲載されているので参考にして下さい。

4) 廃水銀等

BUN：1-9でも述べたように水銀関連の廃棄物については、極めて煩雑な分類となってしまいました。

図表・画像21は、平成29年に環境省が出している「水銀廃棄物ガイドライン」のものです。

図表・画像21●水銀廃棄物の分類

	廃金属水銀等	水銀汚染物		水銀使用製品廃棄物
一廃	廃水銀 ・水銀使用製品廃棄物から回収した廃水銀	*一般廃棄物焼却施設で生じる水銀を含むばいじん等（※）*		*水銀体温計、蛍光ランプ等*
	← 回収した水銀			
	特別管理廃棄物			
産廃	廃水銀等 （「等」は廃水銀化合物） ・特定施設において生じた廃水銀等 ・水銀等が含まれている物又は水銀使用製品廃棄物から回収した廃水銀 ← 回収した水銀	（特別管理産業廃棄物） 特定の施設から排出されるもので水銀の溶出量が判定基準を超過するもの	水銀含有ばいじん等 ・ばいじん、燃え殻、汚泥、鉱さいのうち、水銀を15mg/kgを超えて含有するもの ・廃酸、廃アルカリのうち、水銀を15mg/Lを超えて含有するもの	水銀使用製品産業廃棄物 *水銀電池、蛍光ランプ等水銀等の使用の表示がある製品*
		・ばいじん、燃え殻、汚泥、鉱さいのうち、水銀を1,000mg/kg以上含有するもの ・廃酸、廃アルカリのうち、水銀を1,000mg/L以上含有するもの		*水銀式血圧計、水銀体温計等*
	← 回収した水銀			

下線：水俣条約を踏まえた廃棄物処理法施行令改正（平成27年）により新たに定義されたもの

斜体：例示

▨ 水銀回収義務付け対象　　赤字：特別管理一般廃棄物又は特別管理産業廃棄物

※　一日当たりの処理能力が5トン以上の一般廃棄物焼却施設から発生するばいじんは特別管理一般廃棄物に該当する

まず、法令上の分類としては、特別管理一般廃棄物として「廃水銀」があります。特別管理産業廃棄物としては「廃水銀等」と、特別管理制度がスタートした平成4年から規定している「水銀を基準値以上含む廃酸、廃アルカリ等」があります。さらに、産業廃棄物として、普通の産業廃棄物であるが、独自の処理基準が設定されている「水銀使用製品産業廃棄物」と「水銀含有ばいじん等」があります。

リーサ：これだけでも混乱しそうです。

BUN：以下に、説明しやすいものから個々について説明します。

Ⅰ.「水銀使用製品産業廃棄物」は、事業所から排出される蛍光灯、水銀電池等37の製品が列挙され、さらにこれらを部品として使用している製品や目視で水銀が使用されていることが確認できる製品等が規定されています。

これらの「水銀使用製品産業廃棄物」は、水銀は含有しているものの、リスクは少ないと考えられ「普通」の産業廃棄物であり、特別管理産業廃棄物ではありません。しかし、取り扱いには配慮が必要なことから、処理を委託する際は契約書やマニフェストに記載しなければならないこと、途中で破砕等してはならないこと、保管掲示板に明示しなければならないこと等が規定されています。

リーサ：このルールは、アスベスト廃棄物である「石綿含有産業廃棄物」の諸規定に似ていますね。

BUN：次に、Ⅱ.「水銀含有ばいじん等」も水銀使用製品産業廃棄物と同様、普通の産業廃棄物であり特別管理産業廃棄物ではありませんが、特有の処理基準が規定されています。なお、これについては実際の関係者は少ないこと、規定が複雑であることから、詳細については前出のガイドラインを参照してください。

Ⅲ.「廃水銀等」は排出施設が省令により17の施設に限定されています。したがって、科学的には同一の性状の「物」が排出されたとしても、この17の施設以外から排出された場合は「廃水銀等」には該当しません。

リーサ：このルールは、(3) の「有害金属等を含む産業廃棄物」と同じようなスキームですが、科学的には同じ物なのに、どうして違う規定にしたのですか？

BUN：たぶん、特別管理産業廃棄物となると特別管理産業廃棄物管理責任者という資格者の選任等の規定も適用されることからの配慮かもしれないね。この17の施設を見てみると、灯台の回転装置とか大学等の研究施設等、極めて限られたものとなっており、いわゆる「通常」「普通」の事業者は該当しないように制度化されています。

また、17の施設の1号に「水銀を回収する施設」というのがあります。これは、Ⅰ、Ⅱで述べた普通の産業廃棄物である水銀使用製品産業廃棄物や水銀含有ばいじん等を「原料」として、プラントにより水銀を回収する施設です。水銀使用製品産業廃棄物を単に回収すると廃水銀等になる、というものではありません。

リーサ：極めて希な専門の処理業者以外は、まずは該当しないということですね。日本にも数社しか無いでしょうね。

BUN：Ⅳ. 特別管理一般廃棄物としての「廃水銀」は、Ⅲで述べたシステムと同じ。ただし、「原料」が、産業廃棄物である「水銀使用製品廃棄物」ではなく、一般廃棄物である「水銀使用製品廃棄物」から回収される「水銀」がこれにあたります。したがって、廃水銀は一般廃棄物ですが、家庭生活から排出されることはあり得ません。

リーサ：つまり、特別管理一般廃棄物である「廃水銀」の排出者も、日本全国で数社 (者) しかいないということですね。

BUN：ちなみに、産業廃棄物では「水銀使用製品産業廃棄物」という文言を法令上規定していますが、一般廃棄物では「水銀使用製品一般廃棄物」という文言は使用せず、単に「水銀使用製品廃棄物」としています。

リーサ：水銀を使用している製品廃棄物のうち一般廃棄物のものは「水銀使用製品廃棄物」と言って、産業廃棄物のものを「水銀使用製品産業廃棄物」と言っているってことですか？ わかりにくい……頭がオフになりそう。

BUN：また、一般廃棄物たる水銀使用製品廃棄物については特別な処理基準等が規定されていません。これは、既に市町村により適正処理ルートが確立されていると言うことから、新たな規定は不要である旨ガイドラインにも記載してあります。よって、一般廃棄物に関しては、今まで通り、市町村の指示に従って排出すればいいということだね。

V. まとめ

BUN：水銀関連の廃棄物についてまとめると次のようになる。

①特別管理一般廃棄物である「廃水銀」を排出する人物は、極めてまれである。（おそらく日本全国でも1～2社）

②家庭から排出される水銀廃棄物については、今までどおり地元の市町村の指示に従えばよい。

③特別管理産業廃棄物を排出する事業所も限定的である。（主として研究、検査機関等）

④水銀含有ばいじん等は普通の産業廃棄物であるが、これも排出する事業所も限定的である。（規定の仕方が複雑なのでガイドライン参照のこと）

水銀使用製品産業廃棄物は事業所等から排出される蛍光灯等37の製品廃棄物である。これは身近なものであり、委託契約書、マニフェスト、掲示板等に固有の規定があることから、注意する必要がある。

特別講座全体のまとめ

BUN：「物」は有価物と廃棄物に分かれ、廃棄物は一般廃棄物と産業廃棄物に分けられる。一般廃棄物の中で特に取り扱いに注意を要する物を特別管理一般廃棄物とした。同様に、産業廃棄物の中で特に取り扱いに注意を要する物を特別管理産業廃棄物とした。

特別管理一般廃棄物は現在は4つ。「感染性廃棄物」「ばいじん」「PCB」「廃水銀」。

特別管理産業廃棄物は「燃焼性廃油」「強酸・強アルカリ」「感染性廃棄物」「特定有害」の4つ。このうち「特定有害産業廃棄物」は「PCB」「廃石綿等」「廃水銀等」「有害物を含有する物」かな。

リーサ：それらに、それぞれ様々な条件や例外が規定されているのですね。

BUN：はい、特別管理は一朝一夕では習得出来ないと思います。実務に関係する方は、是非、JWの特別管理産業廃棄物管理責任者講習会等を活用して学習して下さいね。

図表・画像22●特管物に注目した包含・系統概念図

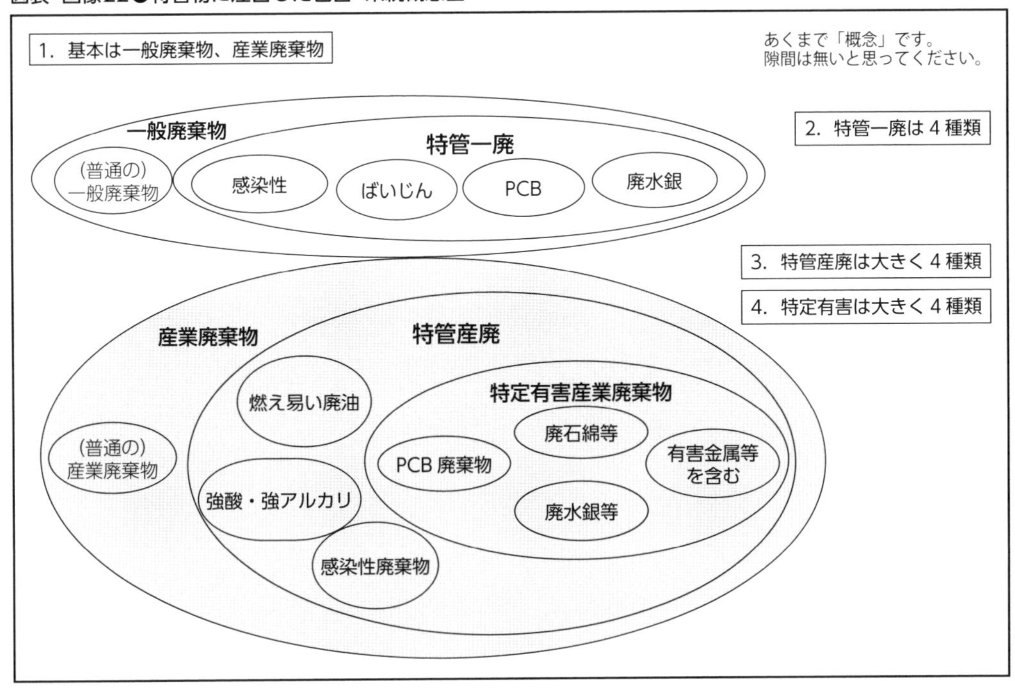

1-10 処理業の許可は許可権限者ごと

リーサ：ここまで「廃棄物処理業の許可の種類」と「特別管理一般廃棄物は分類はあるけど許可制度は規定していない」ってところまで勉強しました。

BUN：今回は、その処理業の許可はどこで有効か、という話から入りましょう。日本には数多い法律があり、また、いろんな「許可」もあります。

リーサ：1-7の例に出てきた「旅館」や「飲食店」も許可でしたね。

BUN：そうですね。その他に「許可」と似たような言葉に「免許」「認可」などもありますね。ものによっては、一つの自治体で出した許可や免許が全国で有効という制度もあります。

リーサ：運転免許なんかはそうですよね。栃木県の公安委員会で出した運転免許で山形県でも運転できる訳だし。

BUN：ところが、廃棄物処理法の許可は、その許可を行った自治体のエリアだけが有効であり、他のエリアでは全く効力を発揮しません。だから、栃木県の産業廃棄物処理業の許可証を山形県に持って行ってもなんの役にも立たない、ということになります。

特に問題になるのが収集運搬です。収集運搬は積む場所、降ろす場所の自治体の許可が必要と

図表・画像23●産業廃棄物収集運搬業許可

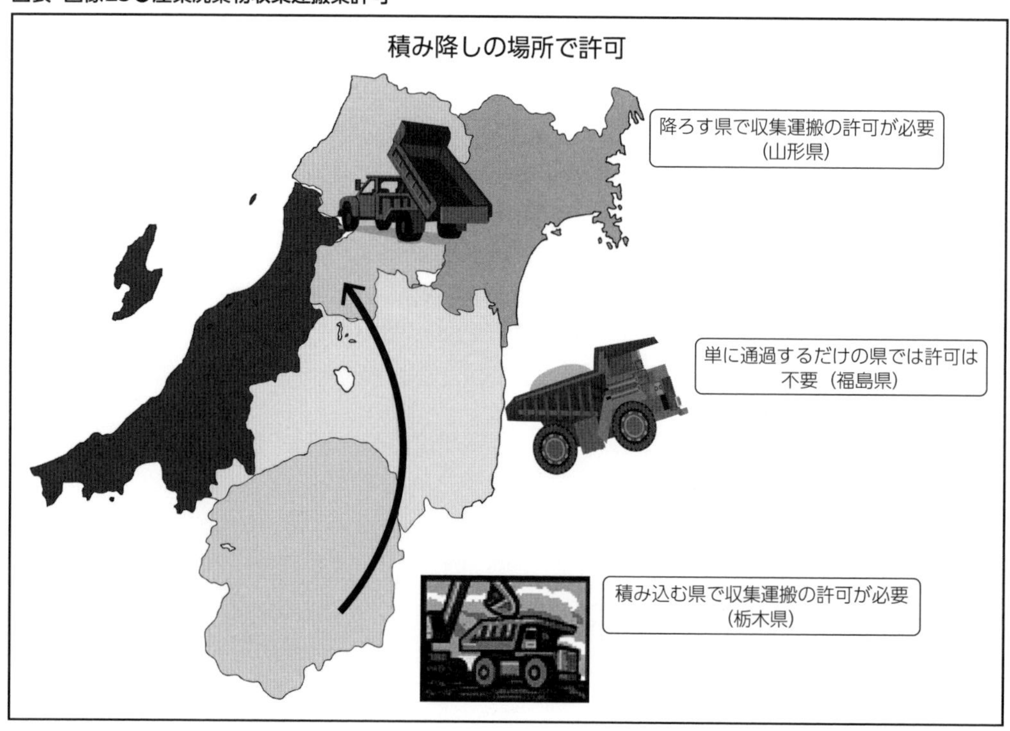

されていますから、栃木県で産業廃棄物を積んで、山形県の処分場で降ろす場合は、栃木県の収集運搬の許可と、山形県の収集運搬の許可が必要と言うことになります。なお、積み降ろしを伴わず、単に通過するだけの県の許可は不要としています。前述の例だと、栃木で積んで山形で降ろすけど、間の福島は通過するだけ、というのであれば福島県の許可は要らないということです。

リーサ：日本全国で産業廃棄物の収集運搬業をやるって時は、一都一道二府43県の許可が必要ということになる訳ですね。

BUN：原則は「そのとおり」なんですが、一部例外があります。「廃棄物処理法政令市」という存在です。

リーサ：一般の「政令市」とは別物ですか？

BUN：私たちが普通の会話で「政令市」という時は、地方自治法の人口50万人以上の政令指定都市を指すときが多いと思いますが、「廃棄物処理法政令市」というのは、廃棄物処理法第24条の2を受けた政令第27条で規定している「市」を指します。具体的には政令指定都市＋中核市がこれにあたります。現在、この廃棄物処理法政令市は82市あるようです。

産業廃棄物処理業の許可は原則都道府県知事に権限があるのですが、この廃棄物処理法政令市は、平成23年3月末までは都道府県と同様の権限を有していました。ところが、全国的に中核市がどんどん増えてきて、その度に改めて許可を取らなければならないエリアが増えてしまいました。

たとえば、群馬県は平成20年までは、政令市がありませんでしたから、群馬県の許可1本取れば群馬県内全域で産業廃棄物収集運搬業ができました。ところが、その後相次いで、前橋市と高崎市が政令市になったんですね。そうなると、群馬県内全域で産業廃棄物の収集運搬をやるためには群馬県、前橋市、高崎市の3本の許可が必要になってしまった訳です。全国的にも、平成20年以降廃棄物処理法政令市は34市増えました。

これでは、広域的な処理を行う産業廃棄物では効率が悪い、ということで、平成22年の改正で収集運搬については、「政令市内で積替保管を行う場合」は政令市の許可が必要だが、積替保管をやらない場合は県一本の許可でよい、としました。

前述の例で言えば、前橋市内で積替保管をやる場合は群馬県の許可ではなく前橋市の許可が必要ですが、積替保管をやらないのであれば群馬県の許可で前橋市内の収集運搬もできるということです。

リーサ：「積替保管」って、この講義で初めて聞く言葉ですね。

BUN：これは失礼。積替保管、この業界では訳して「積保（つみほ）」などとも呼んでいますが、これは次のような行為です。

たとえば、前橋駅前は建物が建て込んでいて、路地が狭い。ここに10tダンプを入れるわけにはいかないので、軽トラや4tダンプで集めたとします。ところが、集めた産業廃棄物は200㎞位離れた長野県の処分場に搬入するとなると、軽トラで一回ずつ200㎞運んだのでは効率が悪いわけです。そこで、ストックヤードに一回降ろして、20tトレーラーに積み替えて運ぶ。この行為は一旦どこかに降ろさなくてはできない行為なので必ず「保管」を伴うことになります。この時の軽トラからトレーラーに積み替える行為を、「積替保管」といい、この積替保管をやるストックヤードを「積替保管場所」といいます。

現在、政令市は、産業廃棄物の「積替保管を含む収集運搬業」と、「処分業」を所管しています。

図表・画像24●積替保管

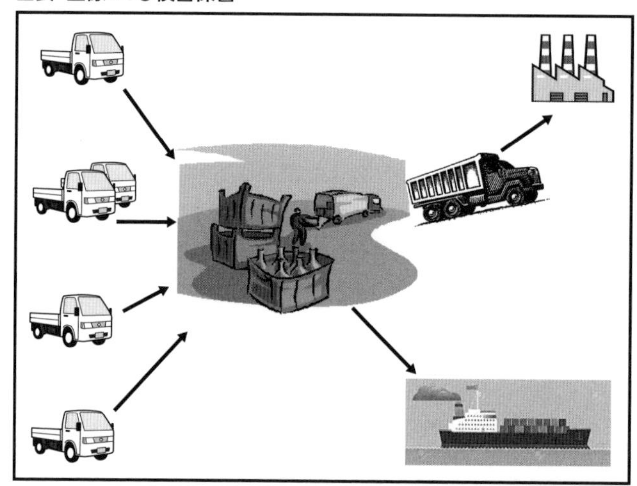

リーサ：なるほど。少し複雑ですね。この都道府県毎の許可は排出者にとっても、とてもやっかいなことで、委託契約書を締結するときに「許可証の写し」を付けておきなさいという規定がありますよね。ちょっと考えると1つの契約書なら、1枚の許可証と思いがちだけど、前述の例だと、積む群馬県の許可証と降ろす長野県の許可証の2枚添付でないとだめ、積替保管を政令市である前橋市内でやっているなら前橋市の許可でないとだめ、ということですよね。もう一度、チェックしておこう。

BUN：この「許可権限者毎の許可」って制度でもっと切実なのが、一般廃棄物の方なんです。

リーサ：一般廃棄物は市町村の許可ですからね。市町村毎の許可が必要なんですね。

BUN：市町村の数は、最近、市町村合併が進みましたが、それでも全国では1700程あります。ですから、「日本全国で一般廃棄物を扱う」ためには、1700の許可を取らないとできないということになり、これは事実上「困難」でしょうね。

リーサ：でも、狭いエリア、一つの市町村内で処理できない一般廃棄物も結構あるのではないですか?

BUN：そうですね。廃棄物処理法スタート当初の一般廃棄物と言えば、家庭から出る「生ごみ」「し尿」たまに「粗大ごみ」、事業系としても「紙くず」程度だったでしょうが、現在では現実的に市町村のクリーンセンターでは処理が難しい一般廃棄物も数多く存在しています。

リーサ：そうした「処理困難」な一般廃棄物はどうしているのですか?

BUN：特に平成10年代以降は、環境大臣の広域認定制度、再生認定制度、それに各種リサイクル法などを制定し、特別なルートの確保を図っています。でも、これらは中級、上級コースとして改めて取り上げましょう。

<BUN先生の今回のまとめ>

○産業廃棄物処理業の許可は原則都道府県。
○例外として廃棄物処理法政令市があり、エリア内の処分業と積替保管を含む収集運搬を所管。
○許可は許可権限者のエリアごとに必要（全国有効ではない)。
○一般廃棄物処理業の許可は市町村。
○広域処理対応として大臣認定制度や各種リサイクル法が制定されてきている。

1-11 排出事業者と許可制度

リーサ：ここまで廃棄物処理業の許可について勉強してきました。次はどんなお話ですか？
BUN：最初に話しました「廃棄物処理法の基礎知識」の3つ目、「排出者」に行く前に、今まで勉強しました許可制度と排出者の関係を確認していきましょう。
　リーサは「我が社では許可を取るつもりは無い」と言っていましたが、今までの勉強はあまり役に立たなかったかな？
リーサ：とんでも無いです。我が社として許可は取らないけど、我が社から出る廃棄物を「誰に委託してよいか」がわかったので十分勉強になりました。
BUN：そう言っていただけると話した甲斐がありました。ところで、廃棄物処理法の無許可行為って、どの程度の罰則か知っていますか？
リーサ：「廃棄物処理法違反で罰金」という記事は時々見ますが……。
BUN：無許可は廃棄物処理法の違反では、不法投棄と並んでもっとも重い罪なんだ。これが、罰則第25条で「5年以下の懲役もしくは一千万円以下の罰金、この併科」と規定している。まあ、私はいつも「最高刑懲役5年」って言ってるけど。
　排出者が、産業廃棄物を無許可業者に処理を委託した場合の罪も、無許可行為と全く同じ。罰則25条の「最高刑懲役5年」に該当します。これは、たてまえかも知れないけど「排出者処理責任」という廃棄物処理法の原則論を具現化した典型的な規定だと感じています。
リーサ：どういうことでしょうか？
BUN：「無許可、たしかに悪いよ。でもね、あなたが頼んだから無許可になったんでしょ。頼んだあなたも悪いよね。」もっと、極端なたてまえ。「あなたが廃棄物を出したから無許可につながったんでしょ。あなたが廃棄物を出さなければ無許可は起きなかったんですよ。廃棄物を出したあなたが悪い。」ここまで行くと「ちょっとそれは」と思う人もいるかもしれないけど、それほど廃棄物処理法においては「排出者の責任」というものを重く捉えているということでしょう。
リーサ：なるほど。最後の最後には「排出者責任」に帰結するのですね。その「排出者責任」なんですが、どのように規定されているのですか？
BUN：産業廃棄物の排出者の責務については、廃棄物処理法第12条で規定されています。リーサは、第12条は読んだかな。
リーサ：12条だけで50頁位あります。電子頭脳で記憶したけど、理解は出来ません。
BUN：そうなんです。この12条、廃棄物処理法がスタートした時点では、1頁位しかなかったんですが、現在では50頁位に増えたんです。廃棄物処理法は改正の度に増えてきたのですが、これほど肥大化した条文は、この12条の右に出るものはありません。言葉を換えれば、廃棄物処理法改正の度に排出者責任は強化、重くなってきた、とも言えると思います。
　現在では50頁にも及ぶ「産業廃棄物の排出者の責務」ですが、条文の見出しを拾うと、概ね次の7つの事項になります。

1. 処理基準を守ること
2. 処理責任者を置くこと（一定の条件に該当する事業場では）
3. 帳簿を備えること（一定の条件に該当する事業場では）
4. 処理計画を策定しそれを報告すること（一定の条件に該当する事業場では）
5. 委託基準を守ること
6. マニフェストを正しく使用しなければならないこと
7. 委託処理状況の確認

今日話した「許可業者に委託しましょう」ということは、「5. 委託基準を守ること」の中の一つということになりますね。

リーサ：いよいよ次は、先輩方が「実務には必要な知識」と言っていた「契約書」や「マニフェスト」の話になる訳ですね。

1-12 産業廃棄物排出事業者の責務

BUN：前回、産業廃棄物排出事業者の責務ということで、紹介した次の7つの個別事項に入る前に、ひとつ。

廃棄物処理法では「許可業者」は「業者」と表現します。（法第7条第12項、第14条第12項等）また、「排出者」を「事業者」と表現する時が多いです。日本語としては、許可業者さんも事業を行っている訳ですから「事業者」と呼んでもおかしくないと思うのですが、まあ、誤解の無いように区別するための工夫なのかもしれません。で、通常は「事業者」と表現されていれば、「排出事業者」のことなのですが、平成4年以降の度重なる改正で、条項によっては「製造者」「生産者」等も「事業者」という言葉で表現している場合もあります。ただ、これは限定的ですので、通常は「事業者」と書いてあれば「排出事業者」のことだと思ってください。

リーサ：分かりました。それでは排出者としての事業者の責務の一つ目「処理基準を守ること」について教えてください。

BUN：この「処理基準を守ること」も「排出者処理責任」の原則論があるために、「産業廃棄物は事業者が処理する」という形をとっています。そのために、現実にはほとんどの排出事業者は直面しない、「埋め立て基準」や「焼却基準」もここに登場する訳です。

リーサ：なるほど。法令集には「事業者の責務」ということで、ずらり難しい基準が並んでいて、うんざりしていました。

BUN：実際に自社で最終処分場や処理施設を所有、稼働している人は熟読していただく必要がありますが、それ以外の「排出事業者」の方は関係する箇所だけでいいと思います。

リーサ：「関係する箇所」って、自分の会社で処理していなければ、関係しないんでしょ？

BUN：前述（1-11）の「7つの責務」の7つめに「委託処理状況の確認」ってありますよね。リーサは、「現地確認」の経験はありますか？

リーサ：去年の秋に先輩に連れられて、初めて業者さんの処理施設を見てきました。

BUN：その「現地確認」の時に、「何を」見てきましたか？

リーサ：産廃を処理しているところを見てきました。

BUN：それは「適正に処理」されていましたか？

リーサ：そうか。委託した我が社の産廃が適正に処理されているかをチェックするためには、受託者である許可業者さんが、「基準を守っているか」を見てこなければいけないですね。

BUN：そのとおり。だから、自分の会社が委託している業者がやっている「処理」の正しい「処理基準」位は知っておきましょうということですね。

あとは、たいていの排出事業者に関係するのは、専門の許可業者さんに引き渡すまでの「保管基準」でしょうね。ただ、この「排出事業者の保管基準」は難しい内容ではありません。一般常識を持つ社会人なら、善悪の判断がつく「基準」なんです。具体的には、「悪臭、飛散、流出、害虫」等がないようにという常識的なことなんです。

動植物性残渣を保管していて、それが腐っていって、臭い、臭いと隣近所から苦情が来るような保管の仕方って正しいと思いますか?

リーサ：確かに、「正しい」訳ないですよね。

BUN：そのとおり、なんです。常識に照らして「おかしい」と思うような状態は、やっぱりだめなんです。でも､その常識を守らない人達がいるからこそ法令で規定しているんでしょうね。その他に「看板」や野積みで保管するときは「囲い」、「積上げ勾配」等の基準もありますが、これはいろんな本でも取り上げてますから、またの機会に。次、「2. 処理責任者を置くこと」ですが、これは、15条処理施設（焼却施設、脱水施設、破砕施設等）の設置事業者と特管産廃排出事業者に限定されています。「3. 帳簿を備えること」も「15条処理施設、特管産廃排出事業者、事業場外処分、焼却施設設置者」に限定です。

リーサ：少し待ってください。15条処理施設や「事業場外処分」ってなんですか?

BUN：ごめん。飛ばし過ぎました。まず、「15条処理施設」というのは廃棄物処理法第15条に規定する設置する時は「設置許可が必要な処理施設」です。特管物については特別管理一般廃棄物は1-9で、特管産廃は特別講座で概要を説明しましたね。「焼却施設設置者」は、15条処理施設の対象になるほど大きくはないんだけど、焼却炉は煙などが出ることから、「小さな焼却炉なので設置許可は不要であったとしても、帳簿は備え付けててね」という規定です。

「事業場外処分」というのは次のようなパターンです。

産廃は、専門の許可業者に委託処理されていることが多い。また、自社処理をするときは、たいてい発生したところで処理して減量化している。発生場所から、わざわざ持ち出して、別の場所で改めて処理する、という自社処理は極めて限られます。そのため、それを行政が把握、監督するために「発生事業場の外に持ち出して自社処分する時は、許可は要らないけど帳簿だけは備え付けておいてね」という規定です。

図表・画像25●発生場所以外での処分

産廃発生場所外で処分

建設廃棄物の場合は、
建設現場が排出（発生）場所になる。

解体現場が狭いなどの理由で、現場では荒割をし、別の場所に搬出し、破砕、焼却、脱水等を行う。

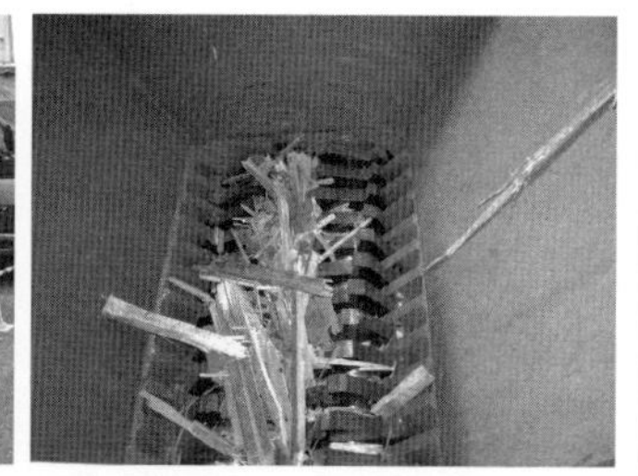

これが、「発生場所外で処分」

BUN：「4. 処理計画を策定しそれを報告すること」は、「多量排出事業者」と呼ばれる「普通産廃は年間1000t以上」、「特管産廃は年間50t以上」排出する事業者に義務づけられているもので､該当する事業者は「処理計画の策定」と「実施状況の報告」を毎年しなければなりません。まあ、この詳細は環境省から「計画策定マニュアル」も出されていますから、該当する方は一読しておいてくださいね。

「7. 委託処理状況の確認」については、「できるなら現地確認しましょうね」ってことです。
　これで、排出事業者の基本的な「7つの事項」はおしまいです。
　この後は「中級編」ということにしましょう。そして、中級編は「産業廃棄物排出事業者の責務」について詳細に取り上げていくことにしましょう。

<BUN先生の今回のまとめ>

○廃棄物処理法の慣用的な文言として「業者」は「許可業者」、「事業者」は「排出事業者」を表している。
○自社処理をしていない事業者は「常識」を持っていれば、大抵の「処理基準」は守れる。
○現地確認のためにも、委託している業者に適用になる「処理基準」は覚えよう。

図表・画像26●不適正現場現地確認

第2章

中級編

産業廃棄物排出事業者の責務

2-1　委託契約書
2-2　法定委託契約書記載事項その1
2-3　法定委託契約書記載事項その2
2-4　法定委託契約書記載事項その3
2-5　法定委託契約書記載事項その4
2-6　マニフェストその1
2-7　マニフェストその2
2-8　委託処理状況の確認 その1
2-9　委託処理状況の確認 その2
2-10　委託処理状況の確認 その3「現地確認」1
2-11　委託処理状況の確認 その4「現地確認」2（保管）
2-12　委託処理状況の確認 その5「現地確認」3

2-1 委託契約書

BUN：いよいよ、委託契約書です。ただ、中級編は基礎編と違って、関連事項が相互に出てきますから、話があっちこっちに飛んだりします。そこは許してくださいね。
では、さっそく始めましょう。
　産業廃棄物の委託契約書は、前回話した「委託基準」の中の一つの事項です。
　ちなみに、委託基準は、大きくは次の4つ。
①委託する相手は14条の許可をもっている業者であること。（許可不要制度の「例外者」を含む。）
②その許可業者は許可の内容として委託しようとする産廃の品目、行為等が行えること。
③委託契約は「書面」で行うこと。
④特管産業廃棄物の場合は、事前通知書。
リーサ：①②は「無許可業者に頼んではいけない」ですよね。「④特管産業廃棄物の場合は、事前通知書」というのは何ですか？
BUN：特管産廃は普通の産業廃棄物に比較しても、リスクが高く、特に注意して扱わなければなりません。当然、処理の方法、技術も高度なことが要求されることも多いです。たとえば、許可証には「廃酸の中和」と記載されていても、カドミが含有している廃酸と有機性の酸が高濃度で入っている廃酸は違う処理が必要な場合があります。そこで、特管産廃の排出事業者が正式に委託契約を締結する前に、「うちからはこんな廃酸が出るんだけど、おたくで処理できる？」と特管産廃処理業者に確認する訳です。それを受け取った業者は、「あぁ、これならうちで十分処理できます」となれば、初めて、正式な委託契約書に進む。ところが、「お客さん、うちじゃ、とてもこんなものは処理できません」となったら、契約にはいかない訳ですね。
リーサ：なるほど。契約書締結となれば、双方に法的義務が出てきますね。その前に確認しましょうという制度ですね。これは法的には義務が無くても、普通の産業廃棄物でもやっていた方がいい手続きですね。
BUN：次に、産業廃棄物処理委託契約の原則が5つあります。
①二者間直接契約。
②委託契約は「書面」で行うこと。
③必要項目を盛り込むこと。
④許可証等の写しが添付されていること。
⑤5年間保存すること。
リーサ：よく「間接契約はだめ」だと聞くのですが、これは具体的にはどういうことですか？
BUN：以前は、と言っても、もう30年も前になりますが、契約は法的な規定ではありませんでした。そのため、排出事業者は自分の事業場から産業廃棄物を運び出していってくれる収集運搬業者とだけ契約を結んでいることが多かったのです。

リーサ：処分業者はどうしていたのですか？
BUN：処分業者とは収集運搬業者が契約をしていることが多かったねぇ。「うちのお得意様の産廃をお宅の処理施設に持って行くから、引き受けてね」という内容ですね。この形態だと排出事業者と処分業者は、収集運搬業者を間に挟む「間接契約」になっている訳です。このパターンですと処分業者が悪さをやったときに排出事業者の責任があいまいだ、となって現在は、「収集運搬は収集運搬業者と」、「処分は処分業者と」、「排出事業者が直接契約を結ばなければならない。」としたんですね。
　また、民事上の「契約」は口頭でも有効ですが、口頭契約は後で「言った、言わない」でトラブルになりがちです。そこで、廃棄物処理法の産廃委託契約は、必ず「書面で」と規定したんですね。

図表・画像27●二者間契約

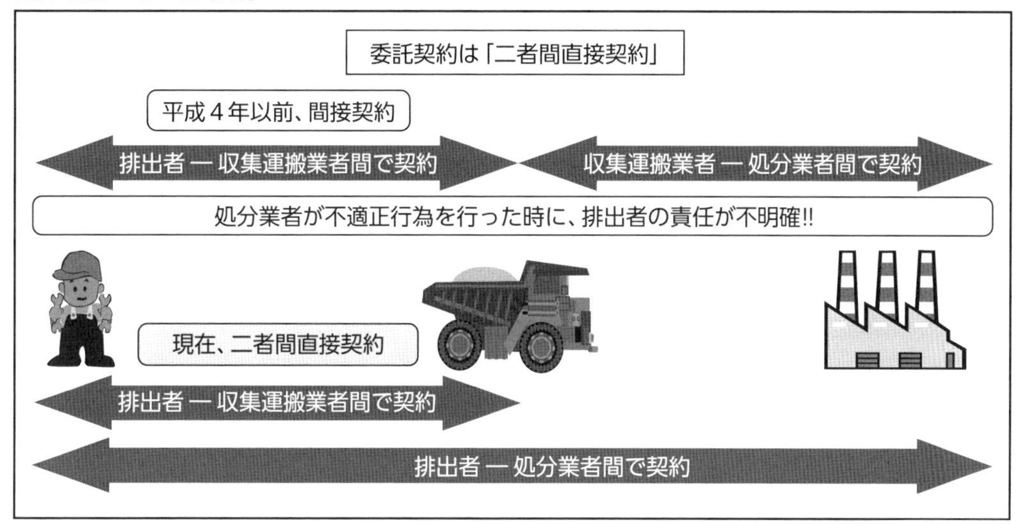

リーサ：「④許可証等の写しが添付されていること。」と「⑤5年間保存すること。」は、私でもわかるし、当社でも守っています。
BUN：それならいいんだけど、「④許可証等の写しが添付されていること。」は何回か前の「許可制度」で話したけど、添付する許可証が一枚でいいとは限らないからね。たとえば、収集運搬だけでも、A県の産廃排出事業者からZ社が集めて、B県の港でY社の船で、C県の港まで運び、港で下ろした後でX社のトラックでC県内の処分場まで運ぶ。さぁ、このパターンでは許可証は何枚出てきますか？
リーサ：え～と、まず、Z社との委託契約書にはA県とB県の収集運搬の許可証、Y社はB県とC県の許可証、X社はC県の許可証ですね。よって、Z社の委託契約書には許可証の写しは2枚、Y社との契約書にも許可証2枚、X社は1枚になりますね。都合3本の契約書に許可証の写しが5枚ということか。なんか、Z社の契約書に許可証のコピー1枚付けてただけのおそれがあります。すぐに確認しないと。
BUN：「⑤5年間保存すること。」は大丈夫かな？
リーサ：こちらは大丈夫です。今は2022年。22-5で17。2017年以降に締結した契約書は全部保管しています。

BUN：おっと、大きな勘違いをしていますよ。「保存期限5年間」というのは「締結した日」ではないよ。「契約が終了した日」だよ。たとえば、もう10年以上前の2010年に契約した。内容に変更がないので、ずっと、その契約書でやってきて、2021年の3月で、別の会社に切り替えたとしよう。すると、この契約書はいくら2010年に締結していても、2021年3月まで有効だったから、ここから5年。22、23、24、25、26年の3月まで保管しておかなくちゃいけないよ。

リーサ：まだ、古い書庫に残していたかも。アナログで探して見つけておきます。

BUN：さて、取り置きした「③必要項目を盛り込むこと。」だけど、これは政令と省令で12項目が規定されている。これについては、「区分」「許可制度」とも密接に関係してくるので、次回以降、順次説明していきましょう。

＜BUN先生の今回のまとめ＞

○4つの「委託基準」、5つの「原則」

○契約書に添付する許可証の写しは1枚とは限らない。

○契約書の保存は、契約が終了して以降5年間。

図表・画像28●委託基準

法定委託契約書記載事項 その1

リーサ：ここまでは契約書そのものに関係する規定を勉強しました。今回は、具体的な「契約書記載事項」でしたね。じゃ、先生、お願いします。

BUN：法定契約書記載事項は、政令と省令で規定されていて、政令は第6条の2第4号、省令は第8条の4の2です。さらに、契約書に関する規定が設けられた平成4年、改正が行われた平成9，12，14，18年に通知が発出されているので、詳しく、正確に知りたい人は参考にしてくださいね。

さて、契約は収集運搬と処分は原則的に別のものでしたね。ただ、収集運搬業者と処分業者が同じ業者の場合は、契約＜書＞は1本でも構いません。

まず、収集運搬、処分ともに共通する事項は次の8つです。

①　産業廃棄物の種類、量
②　委託契約有効期間
③　受託者支払金額
④　業許可事業範囲
⑤　適正処理のための必要な情報提供
⑥　⑤の提供情報の変更があった場合の当該情報の伝達方法
⑦　業務終了時の報告
⑧　契約解除時の未処理産業廃棄物の扱い

収集運搬に特有な事項が次の2つ。

⑨　運搬の最終目的所在地（運搬の場合）
⑩　運搬委託で受託者が積替え又は保管を行う場合

処分に特有な事項が次の2つ。

⑪　処分又は再生委託の場合
⑫　処理後に残渣が発生する場合は、最終処分とその関連条項記載

あと、関係する人は少ないと思いますが、輸入廃棄物に関係する場合は

⑬　輸入廃棄物を扱うときはその情報

となります。

リーサ：結構ありますね。では、一つずつ見ていきます。最初の「①　産業廃棄物の種類、量」ですが、以前から疑問に思っていたことがあります。「契約書はあらかじめ締結しておかなければならない」という規定がありますが、その時点では、委託する産業廃棄物がどの程度排出されるかわからないことも多いのではないですか。

「種類」にしても、最初に勉強した「産業廃棄物20種類」の種類ですね。実際問題として、いろんな種類が混在して排出されるケースもありますよね。そういう時はどうしたらいいのですか？

BUN：それは契約書制度がスタートした平成4年8月の通知で、「廃棄物が一体不可分に混合している場合にあっては、その廃棄物の種類を明記したうえで、それらの混合物として、一括して数量を記載しても差し支えないこと。また、数量については原則として、計量等により産業廃棄物の数量を把握し、記載することとするが、廃棄物の種類に応じ、車両台数、容器個数等を併記することなどにより、契約当事者双方が了解できる方法により記載することをもって代えることができる」とあります。

なので、「電気掃除機、扇風機」、「2tトラック1台分」のような記載でもよいということですね。

リーサ：なるほど。それであれば、なんとかなりそうですね。でも、この「種類と量」は「③受託者支払金額」にも関わってきますよね。量が違えば料金だって違ってくる訳だし。

BUN：そうですね。これも「100万円」「200万円」といった絶対額ではなくても、「木くず1tあたり1万円」や「紙くず4tダンプ1台あたり2万円」のような記載でもよいとしています。

前述の通知の中に「全ての事項の記載が必要であるが、契約書中における具体的な表現は、法令の趣旨に反しない限り、契約当事者に委ねられていること。」とありますから、脱法的な、公序良俗に反するような記述でなければ、相応に弾力的な表現でもよいでしょう。契約の時点では、「予想量」「予定量」でスタートして、やってみたところ、大きく変わりそうなときは「変更」「訂正」という対応でもいいんじゃないでしょうか。

リーサ：「②　委託契約有効期間」、これは難しいことは無いですね。

BUN：そうかなぁ。土木の公共工事の時のように、「令和4年6月1日から令和4年7月31日まで」のようにきっかりと期間を限定する時などは、この期間についてはあまり課題は無いと思うけど、民間企業では「契約内容に変更が無い場合は、さらに1年間同じ内容で契約を更新する」等の更新条項を入れているときも多いでしょう。この「更新条項」付きの時の注意点がいくつかあります。

リーサ：当社の委託契約はほとんど「更新条項」付きだけど……

BUN：まず1つめ。これは前回も取り上げたけど、保存期限「5年間」。これは、契約が終了したときからだからね。「更新」している限りは古い契約書をいつまでも保存し続けなくてはならなくなります。2つめ。相手方の処理業者さん、許可は原則5年間（優良認定業者は7年間）です。契約はそのままで、相手の業者さんの許可が切れたりすると、「無許可業者と契約している」という状態になってしまうから、相手の許可の有効期限には注意していてください。3つめ、廃棄物処理法の改正により、法定必須事項が追加されることがあります。追加されたにもかかわらず、その事項が抜け落ちたままになっていると法令違反ってなってしまうからね。4つめ、「③　受託者支払金額」の関連で、処理料金の「値上げ」や「値下げ」があったのに「更新」という訳にはいかない。この時、料金だけを「別紙」としておく会社もあるようだけど、法定事項を「別紙」にした時は、その「別紙」も契約書の一部と見られますから、保存期限等の規定はその「別紙」にも適用されるようになりますよ。

リーサ：そうですか。1年ごとの更新はさすがに煩雑だとしても、5年位の間には契約書は再点検しておいた方がいいみたいですね。

図表・画像29●委託契約書

法定委託契約書記載事項 その2

リーサ：前回は産業廃棄物委託契約書法定事項「③　受託者支払金額」までやりました。今回は「④　業許可事業範囲」からですね。お願いします。

BUN：まずは、この「事業範囲」とは具体的には、どういうことかな？

リーサ：よくわからないですね。「商売としてやれること」ということですか。

BUN：産業廃棄物委託契約書には添付しておかなければならないものがあったね。それは把握しているかな？

リーサ：許可証の写し。

BUN：そのとおり。それなら「事業の範囲」もわかるはずだよ。許可証をよく見てご覧。

リーサ：どれどれ……。ありました。許可業者の会社名や許可した県知事の名前の下に文章があり、その下に確かに「事業の範囲」と書いてあります。

図表・画像30●産業廃棄物処理業許可証、事業の範囲

許可番号 0120123456

産業廃棄物処分業許可証

住　所　　〇〇県〇〇市〇〇町〇〇番地
氏　名　　〇〇株式会社
　　　　　代表取締役　〇〇　〇〇
　　　　　（法人にあっては、名称及び代表者の氏名）

廃棄物の処理及び清掃に関する法律第 14 条第 6 項の許可を受けた者であることを証する。

〇〇知事（市長）　　〇〇　〇〇　　印

許可の年月日　　令和元年　１０月　１０日
許可の有効年月日　　令和６年　１０月　　９日

1．事業の範囲（処分の方法ごとに区分して取り扱う産業廃棄物の種類（当該産業廃棄物に石綿含有産業廃棄物、水銀使用製品産業廃棄物又は水銀含有ばいじん等が含まれる場合は、その旨を含む。）を記載すること。）
　中間処理業
　破砕：木くず
　焼却：廃プラスチック類、繊維くず、木くず

2．事業の用に供するすべての施設（施設ごとに種類、施設場所、設置年月日、処理能力、許可年月日及び許可番号（産業廃棄物処理施設の設置の許可を受けている場合に限る。）を記載すること。）

3．許可の条件

4．許可の更新又は変更の状況
　〇〇年　〇〇月　〇〇日　　（内容）

5．規則第 10 条の 4 第 7 項の規定による許可証の提出の有無　　無

出典：特別管理産業廃棄物管理責任者に関する講習会テキスト（公財）日本産業廃棄物処理振興センター

BUN：どんなことが書いてあるかな。
リーサ：この許可証には「廃プラスチック類の破砕」と「汚泥の脱水」と書いてあります。
BUN：そう、それでわかると思うけど、「事業の範囲」とは、「産業廃棄物の種類」とその「産業廃棄物の処理の方法」なんだね。なお、収集運搬の場合は、この2の要因に「積替保管の有無」が加わるけどね。

この「事業の範囲」の定義は、条文では規定しておらず、古い通知で規定しているから、一度調べてみておくといいかもね。（初見、昭和五二年三月二六日　環計第三七号、改正:平成一二年一二月二八日　生衛発第一九〇四号、類似の内容は令和2年3月30日環循規発第2003301号でも触れている。）

この「事業の範囲」はとても重要で、これを逸脱すると、受け手の業者は「無許可変更」、出し手の排出事業者は「委託基準違反」になるから注意しないとね。
リーサ：それを確認するために、「事業の範囲」を契約書の法定記載事項にしてるのですね。次の「⑤　適正処理のための必要な情報提供」とはどんなことですか？
BUN：これも逆質問から行ってみようか。産業廃棄物は何種類ですか？
リーサ：20種類。
BUN：では、「液体の産業廃棄物」は何種類？
リーサ：汚泥は「泥状」だから、非該当とすると、廃酸、廃アルカリ、廃油の3つですか。
BUN：正解。ということは、油じゃない液体の産業廃棄物は廃酸か、廃アルカリのどちらかということになるね。では「廃酸、廃アルカリの処理」と言われれば、どんな処理を思い浮かべる？
リーサ：酸、アルカリと言えば「中和」でしょう。小学生の理科の実験でもリトマス紙が赤くなったり、青くなったりってやっていますね。
BUN：たいていの人は「廃酸、廃アルカリの処理」と聞かれれば「中和」と答える。でも、シロップの廃液をPH7.0に中和して、処理が完結すると思う？
リーサ：なるほど。「廃液って産業廃棄物の種類としてはなんですか？」と聞かれれば、「廃酸、廃アルカリです」と答える。「廃酸、廃アルカリの処理は？」と聞かれれば「中和」と答える。ところが、現実には有機性の廃液なんかは、PHを中性にしたからと言って、なんの処理にもなっていないってことですね。
BUN：まさに、10年程前にこれと同じ事件・事故が北関東を舞台にして起きてしまったのです。排出事業者のD社は、有機性廃液のヘキサメチレンテトラミン（HMT）を「廃酸」として「廃酸の中和」の中間処理業の許可を持っているT社に委託した。

T社は「廃酸」の許可を持っているので、このHMT廃液を受け取った。そして、許可の内容どおりに「中和、PHを7.0にして利根川に放流」した。

利根川の下流では、水道の原水とするために、これを汲み上げて、消毒剤の塩素を注入した。入っていたHMTと塩素が化学反応を起こして、ホルムアルデヒドが合成されてしまって、何日間にもわたって水道が給水停止という事態になってしまった。
リーサ：「知らない」「知らされていない」、つまり、知識と情報がとても大切だと実感する事件ですね。
BUN：この事件があったことから、環境省は、改めて平成24年9月に「通知」を発出している。この通知の中で、「産業廃棄物の処理に必要な情報を処理業者に伝えないのは、委託基準違反である」旨言ってる。

リーサ：それが、「⑤　適正処理のための必要な情報提供」の趣旨ですね。業者さんに適正に処理してもらうためには、必要なことですね。

じゃ、次の「⑥　⑤の提供情報の変更があった場合の当該情報の伝達方法」っていうのは？

BUN：まぁ、文字通り読むなら「電話で伝えます」とか「メールで伝えます」というようなことなんだろうけど、万一、前述のような事件や事故につながったときに「言った、言わない」で紛争になっても困るので、たいていは「あらかじめ文書で通知する」と規定しているところがほとんどかな。

リーサ：ところで「提供情報の変更」って具体的には、どういった状況なら出てくるのですか?

BUN：製造業の場合は、原料を変えたり、加工工程を変えたりすると、排出される産業廃棄物も性状や成分が変わるときがある。こういった時は「あらかじめ教えてください」ということでしょうね。

リーサ：契約書の項目一つとっても、いろんな背景や理由があるものですね。

2-4 法定委託契約書記載事項その3

リーサ：ここまで産業廃棄物委託契約書法定事項「⑥　提供情報の変更があった場合の当該情報の伝達方法」までやりました。今回は「⑦　業務終了時の報告」からですね。

BUN：この「⑦　業務終了時の報告」については、「マニフェスト（産業廃棄物管理票）のD票、E票の返却でこれに代える」というものが多いですね。

リーサ：産業廃棄物を委託するときは、マニフェストはつきものだし、処理が終了すればD票、E票は返却される訳だから、なにも二重に手間暇かけることはないってことですね。

BUN：ただ、注意しなければならないのは、D票、E票が返却されないときは、マニフェストの規定とともに、この契約書の事項も不履行となるからね。

また、大臣認定や専ら再生4品目などは、委託契約書は必要だけど、マニフェストは不要とされる行為もある。法律第12条の3第1項の規定を受けた省令第8条の19で11のパターンを規定しているので、こういった特殊な委託の場合は、再確認だね。

リーサ：次は「⑧　契約解除時の未処理産業廃棄物の扱い」。これは文言そのものですね。

BUN：そのとおりではあるんだけど、この事項は相当注意だよ。

リーサ：？？？

BUN：「契約解除」ってやったことある？

リーサ：言葉は聞くけど、新入りロボットなので私自身はありません。契約はたいていは「満了」するから、「契約解除」の事態というのは普通の状態ではないということですね。

BUN：そうだね。まず、世の中の産業廃棄物処理委託契約の99.9％以上は「無事満了」しているでしょう。「解約」なんていう事態は、相手方の倒産、許可取り消し、事業停止命令、措置命令、改善命令といったことに伴ってじゃないかな。

さて、その時、契約書に「契約解除時に未処理産業廃棄物が残っていた場合は、受け手の業者が責任を持って処理する」と記載していたらどうですか。

リーサ：それは、ほとんど実効性が無いですね。多分、経営難や資金不足だからこそ、適正に処理できなくなり、大量保管になり、ついには措置命令や改善命令を受けている訳だから。ましてや、許可取り消しになった「元」業者に、「契約書で規定しているのだから、業者側の責任だ。排出者は関係ない。」では通じないように思います。

BUN：そうだね。ことが納まった後の損害賠償の裁判などでは、少しは役に立つかも知れないけど、今現在、産業廃棄物が処理されずに、大量に放置されている状況ではそんなことも言っていられないでしょう。

世間やマスコミは、当然、「誰の廃棄物だ？」と騒ぎ出すだろうし。平成28年に大騒ぎになった食品廃棄物の事件でも、理由はどうあれ、結局、排出者はそれなりの自己負担は強いられたみたいですしね。

まぁ、契約書のこの「⑧　契約解除時の未処理産業廃棄物の扱い」も今以上に工夫して記載するべきなのかもしれませんね。

リーサ：次が「⑨　運搬の最終目的所在地」。これは、運搬委託の場合だけに適用される事項ですね。特段、難しくもなさそうですね。

BUN：単純な「排出事業所→中間処理施設、最終処分場」なら、そうだね。ところが、収集運搬では時折、「積替保管」という行為が入り込むときがある。

リーサ：積替保管とは、たとえば、排出者からは軽トラで集めて、途中でトレーラーに積み替えて、処分場に運ぶ行為ですね。でも、それは「⑩　運搬委託で受託者が積替え又は保管を行う場合」に記載すればいいのではないですか？

BUN：積替保管の場所に搬入、搬出する業者が同じ業者なら、そのとおりだね。

リーサ：保管場所に搬入、搬出する業者が変わるってパターン、あるんですか？

BUN：船舶を使用しての収集運搬は、むしろ、業者が変わるときの方が多いですよ。たとえば、奈良県から四日市港まではトラックで運ぶA社、四日市港から大分港までは船で運ぶB社、大分港から大分の最終処分場まではC社というようにね。

図表・画像31●船舶による収集運搬

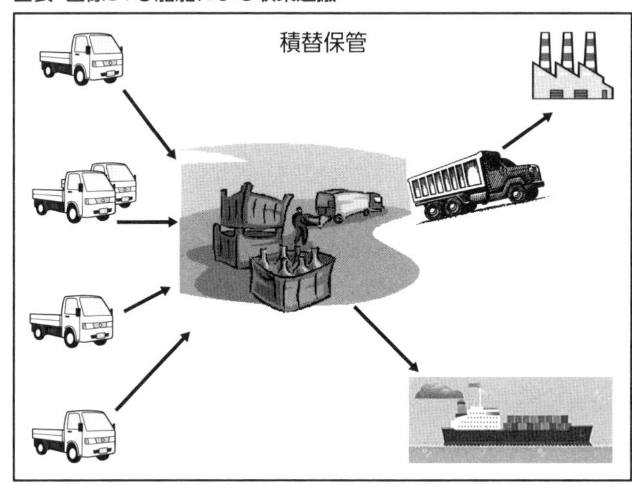

リーサ：なるほどね。だと、排出者の甲社としては、収集運搬契約はA、B、C3社と3本必要ってなるわけですね。その時の「運搬の最終目的所在地」は、A社とは「四日市港」、B社とは「大分港」、C社とは「大分の最終処分場」となりますね。

「⑩　運搬委託で受託者が積替え又は保管を行う場合」はどうですか？

BUN：この項目も、実は意味深な部分があるので、この機会に条項原文を見てみましょうか。

省令（委託契約に含まれるべき事項）第八条の四の二

四　産業廃棄物の運搬に係る委託契約にあつては、受託者が当該委託契約に係る産業廃棄物の積替え又は保管を行う場合には、当該積替え又は保管を行う場所の所在地並びに当該場所において保管できる産業廃棄物の種類及び当該場所に係る積替えのための保管上限

五　前号の場合において、当該委託契約に係る産業廃棄物が安定型産業廃棄物であるときは、当該積替え又は保管を行う場所において他の廃棄物と混合することの許否等に関する事項

ということで、4号では、積替保管の所在地、産廃の種類、保管上限を規定しています。これは、かつて、積替保管場所で大量保管から不法投棄状態に陥ることが度々あり、その教訓として、排出者側も「積替保管の状況を把握しておいてね」という趣旨ですかね。

5号は、なかなか、面白い規定です。管理型産廃、わかりやすいところでは、たとえば、汚泥ですが、A工場から排出される汚泥とB工場から排出される汚泥が、同じ成分とは限りません。混合すれば、下手すると化学反応を起こして、有害ガス等が発生しないとも限りません。ですから、管理型産廃は原則混合禁止です。

でも、安定型産廃、コンクリートガラやガラスくずは、普通は混合してもリスクが増大することはありません。どうせ同じ埋立地に行くなら、混ぜてもいいよね、という趣旨ですね。

リーサ：ここのところ「有価物の拾集」ということも注目を集めていますから、こういった事項も自主的に契約書に記載しておいた方がいいかもしれませんね。

2-5 法定委託契約書記載事項 その4

リーサ：産業廃棄物委託契約書法定事項の収集運搬特有の「⑩　運搬委託で受託者が積替え又は保管を行う場合」まで勉強しました。今回は処分特有の「⑪　処分又は再生委託の場合、・処分又は再生の場所の所在地 ・処分又は再生の方法・処分又は再生施設処理能力」からですね。それでは、お願いします。

BUN：この処分業者の所在地、能力も収集運搬契約の「⑩　運搬委託で受託者が積替え又は保管を行う場合」と同様に、排出者側も「処分の状況を把握しておいてね」という趣旨ですね。契約書に「処理能力3t」と記載しているのに、毎日、5tの産業廃棄物を委託していたら、どう考えてもパンク状態になりますよね。まあ、排出者一社でこんな状態で委託する会社はいないでしょうけど、可能なら契約時に、他社の搬入量も確認しておくことも必要と思います。

リーサ：次の「⑫　処理後に残渣が発生する場合は、最終処分関連条項記載・最終処分（埋立・海洋投入又は再生）の場所の所在地 ・最終処分の方法・埋立の場合は「処理能力」として、「許可された埋立容量」を記載。」とありますが……。
たとえば、次のようなことですか。

木くずの焼却を中間処理業者に委託した。すると、焼却炉から燃え殻が出てくる。その燃え殻を中間処理業者が最終処分業者に埋立を委託する。その時の最終処分場（埋立地）はどこにあって、その能力はどの程度あるのかということですね。どうして、こんな事項が委託契約書の法定事項になっているのでしょうか？

BUN：以前も話したことがあるかと思いますが、廃棄物処理法における「排出者責任の原則論」とも言える話です。リーサは、自分が出した廃棄物について、どこまで責任を持たなくてはいけないと思っていますか？

リーサ：勤め始めた頃は、専門業者に引き渡したら、それで終了と思っていましたが、先生との講義を聞いて、少しずつ分かってきました。排出者の責任は、専門業者に引き渡した以降も継続しているということですね。

BUN：よく勉強しましたね。収集運搬してもらって、そのまま最終処分場で埋め立てられるという程度なら、それほど難しくもないのですが、たとえば、焼却炉で燃やして出てくる燃えがらとかは、現実的には判断が難しいよね。

リーサ：処理業者さんが受け取っているのは、当社の廃棄物だけとは限らないですものね。A社、B社、C社の産廃を受け入れて、一括して焼却して、出てきた燃えがらに元々の排出者はどこまで責任を持たなくてはいけないのですか？という疑問ですね。

BUN：そのとおり。中間処理残渣物についての契約書とマニフェストだけは、中間処理業者が行えるけど、責任については引き続き元々の排出者（事業者）にあるということですね。
これが、廃棄物処理法第12条第5項、長いけど、ここでもう一度確認しておきましょう。

「5　事業者（中間処理業者（発生から最終処分（埋立処分、海洋投入処分（海洋汚染等及び海上災害の防止に関する法律に基づき定められた海洋への投入の場所及び方法に関する基準に従つて行う処分をいう。）又は再生をいう。以下同じ。）が終了するまでの一連の処理の行程の中途において産業廃棄物を処分する者をいう。以下同じ。）を含む。次項及び第七項並びに次条第五項から第七項までにおいて同じ。）は、その産業廃棄物（特別管理産業廃棄物を除くものとし、中間処理産業廃棄物（発生から最終処分が終了するまでの一連の処理の行程の中途において産業廃棄物を処分した後の産業廃棄物をいう。以下同じ。）を含む。次項及び第七項において同じ。）の運搬又は処分を他人に委託する場合には、その運搬については第十四条第十二項に規定する産業廃棄物収集運搬業者その他環境省令で定める者に、その処分については同項に規定する産業廃棄物処分業者その他環境省令で定める者にそれぞれ委託しなければならない。」

この条文は廃棄物処理法の中でも一番括弧書きが登場することで有名だね。

そして、今さらながら、排出者（事業者）は委託する場合でも、次の「委託基準」があった。

「6　事業者は、前項の規定によりその産業廃棄物の運搬又は処分を委託する場合には、政令で定める基準に従わなければならない。」

「7　事業者は、前二項の規定によりその産業廃棄物の運搬又は処分を委託する場合には、当該産業廃棄物の処理の状況に関する確認を行い、当該産業廃棄物について発生から最終処分が終了するまでの一連の処理の行程における処理が適正に行われるために必要な措置を講ずるように努めなければならない。」

リーサ：そして、ここのところ勉強している「委託契約書」も、この委託基準の中の一つということでしたね。

BUN：そのとおり。よくできました。特に平成22年に改正された第7項でより明確に示されるようになったけど、「発生から最終処分が終了するまで」事業者は適正処理に務める義務がある。これをあらかじめ具体化しているのが、委託契約書の12番目の法定事項と考えていいでしょうね。

リーサ：なるほど。だから契約の段階から、中間処理残渣物の最終処分の場所や能力まで契約書に記載させているということですね。

これで、委託契約書の法定事項もようやく終了ですね。

BUN：ちょっと待ってください。実は、法定事項はもう一つあります。その13番目の事項がこれ。

「委託する産廃が輸入廃棄物であるときは、その旨」。

リーサ：この項目は通常業務では把握していなかったですね。うちの契約書に記載されていたかな?。

BUN：これは平成22年改正で追加された事項なんだけど、「輸入廃棄物であるときは、その旨」だから、該当しないときは契約書に記載していなくても構わないとされている。現時点で産廃を輸入しているって会社は、ほとんど無いようなので、多くの会社の契約書には記載していないことの方が多いかも知れないね。

リーサ：何でこんな事項を追加したのですか?

BUN：廃棄物の輸入に関しては、関係条項がいくつかあります。まず一つが「廃棄物の区分」

で「輸入した廃棄物は産業廃棄物とする」というもの。だから、輸入廃棄物に一般廃棄物はありません。そして、廃棄物の輸入は、誰でも野放図に出来ることではなく、原則的には製品を製造し、海外で使用され、その後廃棄された、いわば「廃製品」を、輸出した企業が日本に持ってきて、再生、適正処理する時に「許可」するという仕組みです。

図表・画像32●廃棄物の輸入

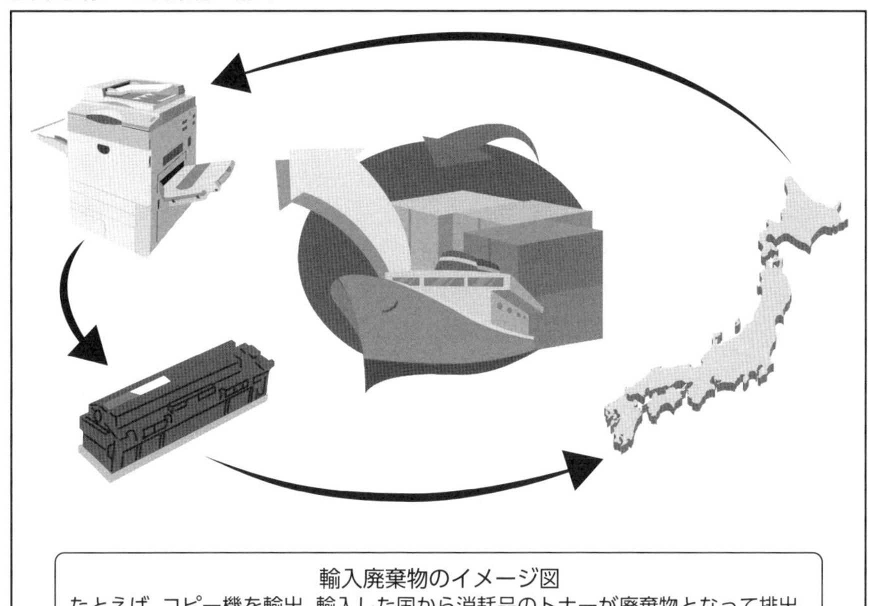

輸入廃棄物のイメージ図
たとえば、コピー機を輸出。輸入した国から消耗品のトナーが廃棄物となって排出。
それを日本に輸入してリサイクルを行う。

リーサ：廃棄物の輸入も許可が必要なんですね。

BUN：そう、廃棄物の輸入、すなわち前述の通り「産業廃棄物の輸入」になる訳だけど、これは環境大臣の「許可」、ちなみに、輸出の場合は、一般廃棄物、産業廃棄物ともに環境大臣の「確認」という規定になるね。

リーサ：「許可」と「確認」ですね。当社には当面関係しないけど覚えておきます。

BUN：まぁ、そんな訳で、輸入される産業廃棄物の本来の「排出者」は、海外に別にいる訳ですが、日本国内に輸入された以降は、輸入した人物を「事業者とする」という規定があります。そんなこともあって、委託契約書の法定事項の一つとして規定したのかもしれませんね。

<BUN先生の今回のまとめ>

○委託契約書の「事業の範囲」とは、「産業廃棄物の種類」と「処理の種類」。収集運搬業の場合は、プラス「積替保管の有無」。
○委託契約書の「適正処理のための必要な情報提供」を怠ると、委託基準違反になる。
○契約書法定記載事項は共通事項8つ、収集運搬特有2つ、処分特有2つ。
○法定事項は抜け落ちがなければ、具体的な表現は「契約当事者に委ねられている」
○「契約有効期間」は「更新」もできるが、「更新」するときは「保存期限」「許可の有効期間」「料金」等注意しなければいけないこともある。

○委託契約書に登場する「業務終了時の報告」は、実態も考慮し記載。
○「運搬の最終目的所在地」は区分分割委託の場合は、それぞれの収集運搬業者毎に違う場所となる。
○積替保管を含む契約では、どこで、どんな積替保管をやっているかをきっちり把握。
○処分委託契約書には「処理能力」が登場する。処理能力を超える委託をしていないかもチェック。
○中間処理を委託しても、その中間処理後に発生する「中間処理残渣物」の最終処分先までチェックしておく必要がある。
○廃棄物を輸入するときは、環境大臣の許可が必要。

2-6 マニフェスト その1

BUN：ここまで、何度か契約書の話が続いたので、系統立った流れが見えにくくなりましたね。一度、復習し、確認してみましょう。

まず、廃棄物処理法を勉強するときの基礎知識の3つは何でしたか？

リーサ：1．物の区分、2．処理業許可制度、3．排出事業者でしたね。

BUN：産業廃棄物の排出事業者の責務にはどんなことがあったかな。

リーサ：たしか廃棄物処理法第12条でしたよね。1-12で勉強しました。

1．処理基準を守ること
2．処理責任者を置くこと（一定の条件に該当する事業場では）
3．帳簿を備えること（一定の条件に該当する事業場では）
4．処理計画を策定しそれを報告すること（一定の条件に該当する事業場では）
5．委託基準を守ること
6．マニフェストを正しく使用しなければならないこと
7．委託処理状況の確認

でしたね。

BUN：そう、その「5．委託基準を守ること」の一つとして、委託契約書があるんだったね。だから、ここからは、その次の「6．マニフェストを正しく使用しなければならないこと」に入りましょう。リーサは、マニフェストについてはどの程度知っていますか？

リーサ：産業廃棄物を専門の許可業者さんに委託する時に、交付しなくてはいけない伝票ですね。日々マニフェスト業務には悩まされています。

BUN：では、マニフェストそのものと、その流れを確認してみましょう。

まず実用的な情報から。

正直言って、マニフェストを法令の文言通りに運用するのは、なかなか難しいですね。そこで、環境省もこれまで何回か通知を出しています。

最新で詳しいのは平成23年3月17日に発出された「産業廃棄物管理票の運用について」という通知があるから、実際に担当する人は一度は読んでいた方がいいですね。

図表・画像33●産業廃棄物管理票(紙マニフェスト)

産業廃棄物管理票（マニフェスト）A票

排出事業者控

交付年月日	年　月　日	交付番号		整理番号		交付担当者	氏名
事業者（排出者）	氏名又は名称 住所 〒　電話番号			事業場（排出事業場）	名称 所在地 〒　電話番号		

産業廃棄物

□ 種類（普通の産業廃棄物）		□ 種類（特別管理産業廃棄物）		数量（及び単位）	荷姿
□ 0100 燃えがら	□ 1200 金属くず	□ 7000 引火性廃油	□ 7424 燃えがら（有害）		
□ 0200 汚泥	□ 1300 ガラス・コンクリート・陶磁器くず	□ 7010 引火性廃油（有害）	□ 7425 廃油（有害）		
□ 0300 廃油	□ 1400 鉱さい	□ 7100 強酸	□ 7426 汚泥（有害）	産業廃棄物の名称	
□ 0400 廃酸	□ 1500 がれき類	□ 7110 強酸（有害）	□ 7427 廃酸（有害）		
□ 0500 廃アルカリ	□ 1600 家畜のふん尿	□ 7200 強アルカリ	□ 7428 廃アルカリ（有害）	有害物質等	処分方法
□ 0600 廃プラスチック類	□ 1700 家畜の死体	□ 7210 強アルカリ（有害）	□ 7429 ばいじん（有害）		
□ 0700 紙くず	□ 1800 ばいじん	□ 7300 感染性廃棄物	□ 7430 13号廃棄物（有害）		
□ 0800 木くず	□ 1900 13号廃棄物	□ 7410 PCB等	□ 7440 廃水銀等	備考・通信欄	
□ 0900 繊維くず	□ 4000 動物系固形不要物	□ 7421 廃石綿等	□	□ 水銀使用製品産業廃棄物	
□ 1000 動植物性残さ	□	□ 7422 指定下水汚泥	□	□ 水銀含有ばいじん等	
□ 1100 ゴムくず	□	□ 7423 鉱さい（有害）	□	□ 石綿含有産業廃棄物 □ 特定産業廃棄物	

中間処理産業廃棄物	管理票交付者（処分委託者）の氏名又は名称及び管理票の交付番号（登録番号） □ 帳簿記載のとおり □ 当欄記載のとおり
最終処分の場所	名称／所在地／電話番号 □ 委託契約書記載のとおり □ 当欄記載のとおり

見本

運搬受託者	氏名又は名称 住所 〒　電話番号	運搬先の事業場（処分事業場）	名称 所在地 〒　電話番号
処分受託者	氏名又は名称 住所 〒　電話番号	積替え又は保管	名称 所在地 〒　電話番号

運搬の受託	（受託者の氏名又は名称） （運搬担当者の氏名）	（受領欄）	運搬終了年月日	年　月　日	有価物拾集量	数量（及び単位）
処分の受託	（受託者の氏名又は名称） （処分担当者の氏名）	（受領欄）	処分終了年月日	年　月　日	最終処分終了年月日	年　月　日
最終処分を行った場所	名称／所在地／電話番号　（委託契約書記載の場所にあっては委託契約書記載の番号）		照合確認	B2票　年　月　日 D 票　年　月　日 E 票　年　月　日		

（直行用）　発行元：公益社団法人 全国産業資源循環連合会

複製を禁じます 類似品にご注意ください

出典：（公社）全国産業資源循環連合会HP

図表・画像34●マニフェストの流れ

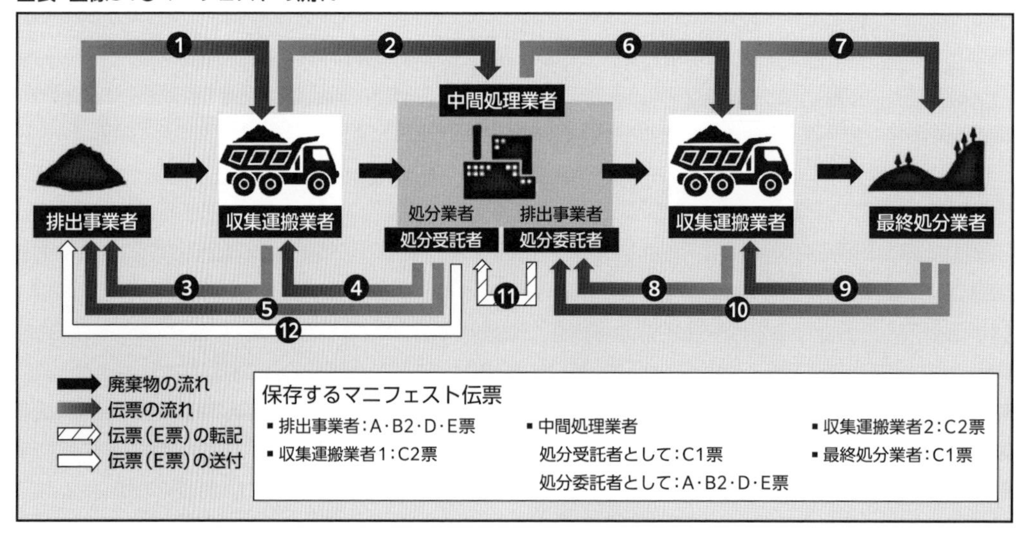

リーサ：ちょっと待ってください。気になるお言葉がありました。「法令の文言通りに運用するのは、なかなか難しい」というところですが、この通知には「法令通り」でなくてもいいような話が書いてるあるのですか？

BUN：鋭い指摘ができるようになったね。一つ紹介しよう。たとえば、マニフェストは「産業廃棄物の種類ごとに交付する」とある。「産業廃棄物の種類」とは何でしたか？

リーサ：基礎知識で何度も学びました。廃プラスチック類とか金属くずとか20種類ですね。

BUN：正解。では、不要になったプリンターを扱える許可は？

リーサ：これも勉強しました。原則的にはパーツ、パーツで考える、ということでしたね。だから、プリンターなら構成している部品の材質を考えて、たいていは廃プラスチック類、金属くず、あとはガラス陶磁器くずかな。となると、不要なプリンターを1台委託する時は、産業廃棄物の種類は3種類だからマニフェストは3枚交付しなくてはならないとなりますね。

BUN：これが原則なんですが、この通知の中には、「複数の産業廃棄物が発生段階から一体不可分の状態で混合しているような場合には、これを1つの種類として管理票を交付して差し支えないこと。」とあります。電子マニフェストの入力例示では「廃家電」の項目を作ったりしているね。

リーサ：杓子定規、四角四面に考えなくてもいいということですね。

BUN：それでは、もう一つ。マニフェストには、委託する産業廃棄物の「量」も書かなくてはいけないですよね。ところが、排出事業所の大半は重量計、いわゆる「秤（はかり）」を装備していません。そこで、なにもきっちりと「◎◎kg」とか書かなくてもいいという規定にしているのです。

リーサ：具体的には？

BUN：たとえば、「ドラム缶1本」とか「10tダンプ一台分」とかでも仕方がないということですね。ただ、常識で判断して桁違いなことを書いてしまうと「虚偽記載」と言われてしまいます。そうでなければ、一般社会で通用するような表現でいいと読み取れます。

リーサ：いろいろ、ありますね。一度、その通知を読んでみます。

BUN：マニフェストについては質問も多いことから、次回も、別の面からもう一度取り上げることにしましょうかね。

図表・画像35●マニフェストの役目

2-7 マニフェスト その2

リーサ：ここまでに、マニフェスト、産業廃棄物管理票の概要について取り上げました。今回は、その続きですね。では、先生、よろしくお願いいたします。

BUN：マニフェストについて出される質問で結構多いのは「送付期限」といわゆる「確認期限」、「報告期限」の関係です。

リーサ：私もこの関係がよくわからないです。産業廃棄物は委託したら、すぐ処分場に運ばれて処理されるのですよね？ それに規定にある10日、90日、180日、30日とか、いろいろな日にちが出てきますね。この機会に整理して教えて下さい。

BUN：マニフェストと言うと、前回までお話しした「種類」や「量」といった記載項目だけを、厳密に、詳細に取り組む人がいらっしゃるけど、マニフェストの本来の役割は、本当はこの「確認」「報告」にあります。では、順を追って説明していきますね。まず、排出事業者は収集運搬業者に収集運搬を委託します。収集運搬業者はこれを預かって処分業者に運びますね。運搬が終了したら「10日以内」に「運搬終了報告（紙複写マニフェストの場合はB票）」を排出事業者に送付します。

リーサ：たとえば、5月13日に収集運搬を委託したら、5月22日までに「運搬終了報告」が送られてくるということですね。

BUN：そこは違うよ。ポイントは、「運搬が終了したら」なんだ。終了していないのに、この報告を行うと「虚偽報告」と言われてしまいます。

リーサ：ちょっと待ってください。5月13日に委託して「10日以内」といったら遅くとも5月22日ですよね。どこが違うのですか？

図表・画像36●処分までの保管

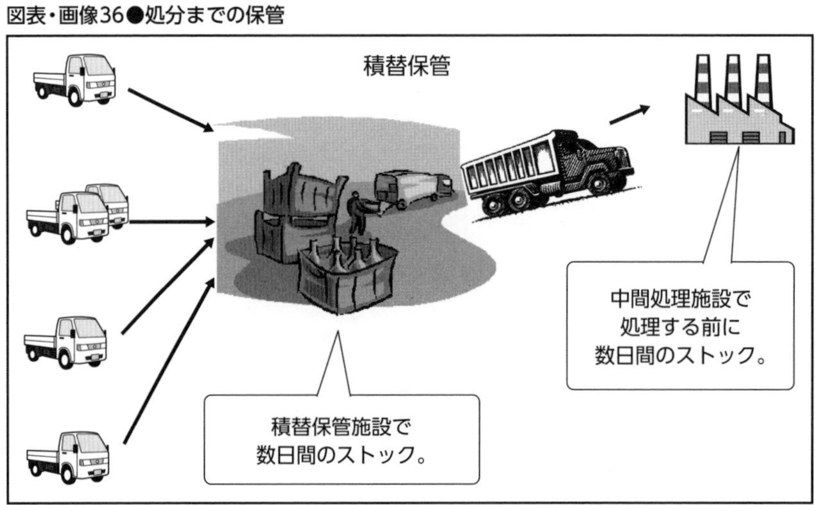

BUN：収集運搬には「積替保管」という行為もあり得ます。たとえば、東京で排出した産業廃棄物がわずかな量だった。これを一回一回三重県の焼却炉に運搬したのでは、採算が取れない。そこで、中継基地である神奈川県に「積替保管」、いわゆるストックヤードを設置しておき、一定量溜まったところで、一気に三重の焼却炉まで運搬するとする。この行為は、収集運搬業の許可を「積替保管有り」で取得していれば全く違法性はありません。

さっきの例だと、排出事業者から委託を受けたのが5月13日だとして、神奈川の積替保管施設に2週間ほどストックしたとする。そして、5月27日に三重県の焼却炉まで運んだとすると、収集運搬契約の最終目的地に到着、つまり「運搬が終了」した日は5月27日、ここから報告は10日以内となるから、6月6日まで「運搬終了報告」を行えばOKとなる訳だね。だから、この例だと収集運搬を委託されて10日後の5月22日には、まだ運搬を終了していないので、ここで報告しちゃうと、「虚偽報告」となってしまう訳だね。

リーサ：そういうことか。では、中間処分の報告も同じ事が言えますね。

BUN：中間処分の場合は、処理施設での保管が認められています。原則としては、処理能力の14日分。これはあくまでも「処理能力の14日分」だから、実際の日にちとしてはもっと長くなっても違法ではありません。たとえば、一日100tの焼却能力がある焼却炉では、100×14＝1400tまで保管が可能。だから、たとえば、機械の整備点検でプラントを停めて、その間は搬入もストップさせたなんてケースだと、300t（＜1400t）の廃棄物を3週間保管していた、なんてことも合法な訳です。当然、中間処理の「終了報告」も処理が終了した後でなければ「虚偽の報告」になってしまうね。

リーサ：そうか。今の例だと5月13日に収集運搬委託、5月27日まで積替保管施設で保管、27日に焼却炉到着、焼却炉の保管施設で3週間保管、実際に焼却炉で焼却が完了したのが6月17日ってパターンですね。このパターンだと、終了報告は「終了後10日以内」でいいから、収集運搬の終了報告は一番遅いと6月6日、中間処理（焼却）の終了報告は、6月17日から10日後の6月26日ってこともあり得るってことですね。

BUN：そのとおり。このようにマニフェストが返ってくるのは「委託してから10日以内ではない」ことが一つポイント。ただ、当然ながら、このように処理終了まで、途中で時間がかかったとしても、さすがに委託してから3ヶ月も「終了報告」が無いって言うのは、「おかしい」ということになりますね。

リーサ：そうですね。前述の例でも委託から1ヶ月半程度ですものね。

BUN：そこで出てくるのが「90日」という「確認期限」。なお、この「確認期限」という文言は法定用語じゃないけど、実感しやすいので、この言葉を使いますね。

委託してから90日もマニフェストが返ってこない（終了報告が無い）時は、排出事業者は「委託状況の確認」をしなければならないという規定なんだ。

リーサ：ちょっとおかしい、というのは異常事態って捉えるべきですね。こういうときは排出事業者はどんな行動をとるのですか？

BUN：「すみやかに状況を把握し、適切な措置を講じ、知事に報告」することが義務付けられている。

リーサ：具体的には？

BUN：直接搬出した収集運搬業者や受入先の中間処理業者に聞き取り調査したり、現地確認したりして、自分が出した産業廃棄物が不法投棄や大量保管、放置されていないか等を確認するんだろうね。

リーサ：万一、そのような事態ならどうしたらいいの？

BUN：BUNさんお薦めは、そのような事態に陥った業者を当てにしていてもはじまらないので、いち早く別な業者に委託し直したり、自社で持ち帰るなりして、悪臭や水質汚染などの生活環境保全上の支障などが出ないようにしないとね。でも、まずは担当行政窓口に報告、相談するしかないでしょうね。人の敷地に勝手に入り込んで、持ち帰るって一般人はできないからね。

リーサ：そうですね。こんな事態にならないように事前にチェックするのが、本来のマニフェストの役割ということですね。

BUN：この「知事への報告」の期限が30日、二次マニフェストの返送期限が180日（いわゆるE票）なんだ。また、特別管理産業廃棄物は普通の産業廃棄物よりもリスクが高いことから、普通の産業廃棄物では90日としている「終了報告」を60日にしている。

リーサ：マニフェストについては、ついつい、細かい記載方法とかばかり気にしてしまうけど、本当に大事なのは、「適正に処理されているか」「その確認手段の一つがマニフェスト」ということなんですね。私も当社の産業廃棄物がどんな流れで、どう処理されて、標準的にはその行程に何日位かかっているのか等、さらに勉強してみます。

BUN：数年前の法律改正で、「虚偽のマニフェスト」についての罰則も強化改正されていますから、今まで以上に気を配って下さいね。

＜BUN先生の今回のまとめ＞

○マニフェスト（産業廃棄物管理票）の交付は、排出事業者の義務。

○マニフェスト記載法定事項はいくつかあるが、実際の運用に関しては「通知」で示している。

○「通知」によれば、実際にはフレキシブルな運用も容認されていることも多い。

○マニフェストの「終了報告」は、実際に運搬や処分が終了してから10日以内。

○運搬には積替保管、中間処理には処理前の保管により、終了日が委託から10日以上先になるケースもある。

○委託から90日経ってもマニフェストが返ってこない場合は、排出事業者は状況を確認し、適切な対応をしなければならない。

2-8 委託処理状況の確認 その1

リーサ：何回か続いた「中級編、排出者の責務」ですが、いよいよ最後の事項ですね。
BUN：そうですね。「委託処理状況の確認」だね。今まで勉強してきた、委託契約書やマニフェストは、いわば「手段」なんだけど、この事項は、その「結果」と言えるものです。
リーサ：それは、どういう意味ですか？
BUN：契約書やマニフェストを細かく、間違いなく書いてみたところで、産業廃棄物の現物が不法投棄されていたり、未処理のまま大量に保管されていたりしたら、何の役にも立たないわけです。
リーサ：そうですよね。なんのために、契約書やマニフェストに真面目に取り組んでいるかと考えれば、「適正処理」のためですものね。了解しました。
BUN：そこで、排出事業者は自分が出した産業廃棄物が委託した業者さんによって、適正に処理されているか、これを確認することが求められている訳です。
リーサ：でも、料金を払って専門の業者さんに頼んでいる訳ですよね。頼んだ後は、頼まれた業者さんの責任なんだと思いますが……。
BUN：その点は普通の商取引と大きく違う感じがします。私は、廃棄物の処理は親と子供の関係に似ていると思っています。
リーサ：どういうことですか？
BUN：普通の取引なら甲と乙は対等な関係。だから、さっきのリーサの言葉のように、お金を出して、一旦頼んだ限りは、それから以降は頼まれた方の責任。でも、親と未成年の子供の関係を思い浮かべてみてください。

親からお使いを頼まれた。子供は自転車でお使いに行ったけど、途中で人とぶつかって怪我をさせてしまった。こういう時、親は「子供は子供、私は関係ないよ」とは言えませんよね。やはり、親は、子供の行為については責任を持たなければならない。

廃棄物も、「自分が出した産業廃棄物については、最後の最後まで自分が責任を持たなければならない」って制度なんです。
リーサ：厳しいですね。
BUN：極論になるけど、「それが嫌なら、廃棄物を出さなければいいんですよ」「人に頼まず、自分で処理すればいいんですよ」という話になる訳です。
リーサ：さっきの親子の話では、子供が事故を起こすかも知れないと思うなら、子供に頼まず、自分でやればいいでしょうという理屈になる訳ですか。
BUN：そうです。だから、廃棄物処理法では、建前論と言われようと、廃棄物は自己処理を原則としているのです。条文を改めて見てみると、明白ですよ。

第十一条　事業者は、その産業廃棄物を自ら処理しなければならない。

リーサ：まさに「そのとおり」の条文ですね。それで、具体的には、どんなことに取り組めばいいのでしょうか？

BUN：原則通り自己処理をやっている人は、まずは処理基準を遵守して処理しなさいということになりますね。

リーサ：ほとんどの会社は、それができないから、BUN先生の講義を聞いています。専門業者に頼んでいる、すなわち、「委託処理」を中心に説明していただけないでしょうか。

BUN：これは失礼しました。では、基礎知識の復習になるけど、委託する時もルールがありましたね。それが、これです。なお、表記は主旨が変わらない程度に簡略化しているよ。

第12条第7項　事業者は、産業廃棄物の運搬又は処分を委託する場合には、当該産業廃棄物の処理の状況に関する確認を行い、当該産業廃棄物について発生から最終処分が終了するまでの一連の処理の行程における処理が適正に行われるために必要な措置を講ずるように努めなければならない。

この条文は以前からあったのですが、平成22年の改正時に「処理の状況に関する確認を行い」という文言をわざわざ追加した経緯があります。この改正にあわせて発出された通知では、「できれば現地確認」的なことが書かれています。

リーサ：「できれば」ということは、「現地確認」は義務ではないということですか？

BUN：この改正が行われる前から、県によっては指導要綱などで、現地確認を義務付けているところもあり、法律改正作業の時にも大分議論したようですが、法律的に「現地確認」までは規定しなかったんですね。

リーサ：なぜですか？

BUN：考えてみるまでもなく、産業廃棄物を排出するのは大企業だけじゃない。中小零細企業からも産業廃棄物は出される訳です。こういった人達全てに対して、「現地確認」を義務付けるのは無理との判断だったようですね。

リーサ：たとえば？

BUN：極端な例として、個人経営の診療所があるとする。ここからは、廃プラスチック類、金属くずや医療行為に伴って血の付いた注射針、壊れた血圧計などが排出される。廃プラスチック類は近くの焼却炉、金属くずはリサイクル業者、注射針は岡山の溶鉱炉、血圧計は北海道の処理施設で処理されるとする。これらについて、「排出者自ら現地確認しなさい」と義務付けたら、排出者のお医者さんは近くの焼却炉は行けるかもしれないけど、遠く、岡山や北海道の処理施設までも行かなくてはいけないことになってしまいます。

リーサ：それは現実的には不可能に近いですね。不可能なことを法律で義務づけするわけにはいかないということですね。

BUN：そこで、法律の条文の表現としては、「処理状況の確認」に止めて、通知で「できれば現地確認」って主旨にしたんですね。なお、現地確認以外の手段として、「インターネット公開情報での確認」などがこの通知には記載されています。

リーサ：全種類、いつも現地確認するなどというのは不可能だから、「できれば現地確認」でも仕方がないですね。ところで、この「処理状況の確認」を怠っていた時は、どういう罰則があるのですか？

BUN：また、鋭いところを突いてきたね。

委託処理状況の確認 その2

リーサ：ここまでは、排出事業者に義務付けられている「処理状況の確認」の話になり、もし、これを怠っていたら、どんな罰則があるのか？というところまででした。では、続きをお願いします。
BUN：復習になるけど、廃棄物処理法には次の規定があるんですね。

第12条第7項　事業者は、産業廃棄物の運搬又は処分を委託する場合には、当該産業廃棄物の処理の状況に関する確認を行い、当該産業廃棄物について発生から最終処分が終了するまでの一連の処理の行程における処理が適正に行われるために必要な措置を講ずるように努めなければならない。

でも、この条項については、罰則は無いのです。
ただし、罰則が無いからと言って、「お咎めがない」とは限りません。廃棄物処理法に限らず、たいていの法律では「罰則」の他に「行政処分」という制裁措置があります。
リーサ：「行政処分」とは許可取消とかですね。受託者側の許可業者なら「許可取消」の制裁も分かるけど、排出事業者は許可を持っていないので意味がないように感じますが。
BUN：おっと、「行政処分」は許可取消だけじゃないよ。勧告、改善命令、措置命令といったものも行政処分の一つです。今回関係するのは、「措置命令」ですね。
リーサ：措置命令とは何ですか？
BUN：措置命令と言うのは、「生活環境保全上の支障を除去せよ」というものです。不法投棄で言えば、「原状回復しなさい」といった命令になります。
リーサ：この命令が、排出事業者も対象になるってこと？
BUN：そういうこと。措置命令もいくつかの条文があり、今回テーマにしている「処理状況の確認」を怠っているときの条文は、第19条の6に該当します。この機会だから紹介していきましょう。

第十九条の六　（前略）、生活環境の保全上支障が生じ、又は生ずるおそれがあり、かつ、次の各号のいずれにも該当すると認められるときは、都道府県知事は、その事業活動に伴い当該産業廃棄物を生じた事業者（中略）に対し、期限を定めて、支障の除去等の措置を講ずべきことを命ずることができる。この場合において、当該支障の除去等の措置は、当該産業廃棄物の性状、数量、収集、運搬又は処分の方法その他の事情からみて相当な範囲内のものでなければならない。
一　処分者等の資力その他の事情からみて、処分者等のみによつては、支障の除去等の措置を講ずることが困難であり、又は講じても十分でないとき。
二　排出事業者等が当該産業廃棄物の処理に関し適正な対価を負担していないとき、当該収集、

運搬又は処分が行われることを知り、又は知ることができたときその他第十二条第七項、第十二条の二第七項及び第十五条の四の三第三項において準用する第九条の九第九項の規定の趣旨に照らし排出事業者等に支障の除去等の措置を採らせることが適当であるとき。

リーサ：相手が許可業者で、しかも、契約通りの処理料金を支払っていて、マニフェストもきっちり書いて交付していたとしても、排出事業者は措置命令の対象になるということですか。
BUN:これでも、この措置命令は「事情からみて相当な範囲内のものでなければならない。」と、それなりに情状酌量しています。もし､契約書やマニフェストを法令通りにやっていない時は、第19条の5という別の条項の措置命令になり、理屈としては行為者と同じ内容の措置命令の対象になります。
リーサ：ということは、当社が1tしか委託していなくても、受託した業者が100t不法投棄していたら、「100t片付けろ」という措置命令もあり得るということですか？

図表・画像37●措置命令

BUN：理屈としてはね。それに契約書やマニフェストを法令通りにやっていない時は、罰則もあるしね。たとえば、契約未締結は最高刑懲役3年、マニフェスト不交付は最高刑懲役1年です。
「処理状況の確認」をやっていないときは罰則無しだし、「相当な範囲内のもの」と情状酌量しているので、その意味では少し軽いということになるかな。
リーサ：そう言われても……すっきりしないですね。そもそも、そんな業者に許可を出している行政にも責任があるのではないですか。
BUN：うーん。元行政担当者としては痛いところだね。まあ、そういうご意見もあり、近年の法令改正では、予防的な規定も整備してきています。
リーサ：それは、どんなこと？
BUN：「ギブアップ通知」というのを知っているかな？
リーサ：すみません。初耳です。
BUN：正式名称を「処理困難通知」と言うのですが、平成22年の改正で初めて制度化されたものです。業者自らが、「私、もうダメです」という時に、排出事業者宛に発出しなければならない通知です。
リーサ：産廃を受け入れたのはいいけど、処理できなくなりましたという通知ですか？
BUN：いくつか条件があって、なんでもかんでも通知しなければならないということではないけど、保管量を超過していて、改善命令をかけられてしまった時とかね。
リーサ：それって、真面目な業者ならちゃんと発出するかも知れないけど、そもそも、改善命令をかけられるような業者は、まともな業者ではないですよね。そんな業者は、ルール通りに「私、ギブアップしました」といった通知しますかね？

BUN：そういう要因もあるけど、この規定には罰則もあるから、該当しているのに通知しないときは、最悪、警察に捕まって牢屋行きということもあり得る。だから、結構、発出しているようですよ。

この制度は、平成29年の廃棄物処理法改正で、さらに厳しくなって、改善命令をかけられなくても、未処理の産業廃棄物がある状態で倒産や廃業、許可取消になった場合なども、ギブアップ通知の対象にしたんだよ。

リーサ：ちなみに、万一、この「ギブアップ通知」を受け取る羽目になったら排出事業者はどんなことしなくてはいけないのですか？

BUN：マニフェストが期限内に返ってこなかった時と同じように、「処理状況の把握と適切な措置、知事への報告」が義務付けられています。

図表・画像38●ギブアップ通知

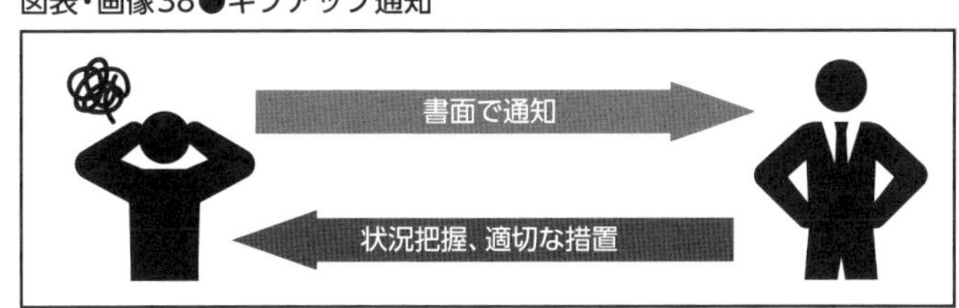

リーサ：そう考えると、年に何回かは「現地確認」に行って、自分の目で確認しておくのが、無難だなと思えてきます。

BUN：2-8で、産業廃棄物の委託処理は親子の関係と似ているって話したけど、頼んだ業者がちゃんとしていないと、結局は排出者に責任が返ってくる。そう考えると、そもそも、委託する業者を自分の目でしっかり見定めて、頼んだ後も、しっかりやっててくれるかなと、「初めてのお使い」の時のおかあさん、おとうさんのように、陰から見守っている、そんな気持ちが「現地確認」だと捉えておくといいのかもしれません。

リーサ：その「現地確認」って具体的に何をどの程度確認したらいいのでしょうか？

BUN：では、次回は、相当、難しい話になるかもしれませんが、「現地確認」について取り上げてみましょう。

＜BUN先生の今回のまとめ＞

○産業廃棄物の処理は、「排出事業者自ら処理」が原則。
○委託処理をする場合は、「処理状況の確認」をすることが義務。
○「処理状況の確認」の方法として、「できれば現地確認」。
○「処理状況の確認」をしていなくても罰則はないが、不適正事案になってしまった時は、措置命令の対象になる。
○措置命令とは、「生活環境保全上の支障の除去」、具体的には原状回復など。
○その前段として「処理困難通知（ギブアップ通知）」制度がある。
○万一、ギブアップ通知が来た場合は、「処理状況の把握と適切な措置、知事への報告」が義務付けられている。

委託処理状況の確認 その3「現地確認」1

BUN：「現地確認」はここまで話してきたとおり、法律上は義務ではありません。そのため、廃棄物処理法では「何をどのように確認しなければならない」という規定は無いんですね。だから、排出者の社員が初めて担当したときは面食らってしまいます。そこで、参考になるのが、この通知です。（環境省の発出ですが、環境省のHPでは掲載していないようなので、石川県庁で転載しているアドレスを紹介します。）

http://www.pref.ishikawa.lg.jp/haitai/sanpai/documents/080516tachiirikensatuuchi_1.pdf

この通知は、国が都道府県に「立入検査する時はこのようにしてくださいね」ということで、発出したものですが、検査票も添付しているので、排出事業者の現地確認の時にもとても参考になると思います。

図表・画像39●立入検査票

立入検査票（処分業者用）

検査日　　年　月　日　　立入検査者

事業者名		立会人（職名・氏名）	
所在地			
許可の種類		許可番号	

区分		検査項目	評価	備考
全般	許可内容	許可証		
		許可の区分	適・否	
		事業の範囲	適・否	
		有効期間	適・否	
		許可の条件	適・否	
		施設、役員等の変更の手続き	適・否	
		事業を的確に行うに足りる知識及び技能の有無	適・否	
		事業を的確に行うに足りる経理的基礎の有無	適・否	
処理基準等		契約に従った処分	適・否	
		飛散、流出、悪臭、騒音、生活環境保全上の必要な措置	適・否	
		中間処理又は再生		
		施設の構造	適・否	
		処分又は再生の方法（許可を受けた方法）	適・否	
		保管状況（掲示板、期間、保管量）	適・否	
		埋立処分		
		囲い、表示	適・否	
		埋立の状況（許可を受けた方法）	適・否	
		浸出液の処理（管理型処分場）	適・否	
		覆土	適・否	
		産業廃棄物処理施設の設置、維持管理	適・否	
処理の委託・受託	共通	契約に従った処分又は再生	適・否	
		契約書の保存（5年間）	適・否	
		再委託の方法	適・否	
		処理能力と受託量のバランス	適・否	
	中間処理業者	委託先の要件（業許可の有無、処理能力等）	適・否	
		契約の方法（収集運搬と処分の分離、契約書の作成等）	適・否	
		契約の内容（法定事項の記載）		
		産業廃棄物の種類及び数量	適・否	
		運搬の最終目的地の所在地	適・否	
		最終処分の場所の所在地、方法、施設の処理能力	適・否	
		有効期間、処理料金、適正処理に必要な事項に関する情報等	適・否	
		受託量と中間処理後物のバランス	適・否	
産業廃棄物管理票	共通	処理受託者の記載事項（名称、担当者氏名、処分終了年月日）	適・否	
		管理票の送付、回付状況	適・否	
		管理票の写しの保存（5年間）	適・否	
		電子情報処理組織の使用方法	適・否	
	中間処理業者	交付の状況（種類ごと、運搬先ごと）	適・否	
		交付者の記載事項		
		交付年月日、名称及び住所、担当者名	適・否	
		産業廃棄物の種類及び数量、荷姿	適・否	
		受託者の名称及び住所、運搬先の事業場の名称及び所在地	適・否	
		その他	適・否	
		交付等状況報告（毎年6月30日まで）	適・否	
帳簿		記載事項	適・否	
		帳簿の閉鎖（1年ごと）	適・否	
		帳簿の保存（5年間）	適・否	
指示事項				

出典：環境省

リーサ：そんな便利なものがあったのですね。では、この検査票に従って調査してくればOKということですね。
BUN：それが中々難しいんです。では、一つ試してみよう。検査票に「処理施設は適正か」という項目があったら、どう調査しますか？
リーサ：受け入れてくれている業者さんの担当の方に、「この施設は適正ですか？」と聞きます。
BUN：それで、どういう答えが返ってくると思いますか？
リーサ：当社とお付き合いがある業者さんは、きちんとした仕事で正直な方だから、「適正です」という返事になると思います。
BUN：では、お付き合いはしていないと思うけど、悪質な嘘つきの業者ならどう答えると思いますか？
リーサ：そんな業者はしっかりやってるはずないから、不適正な状態でしょうね。でも、嘘つきなんだから正直に「不適正です」と答えるはずがない。だから、返ってくる答えは「適正です」……。うーん、なるほど。
BUN：そのとおり。不適正な状態でも、返ってくる答えは「適正です」となってしまいます。これでわかるとおり、行政の立入検査は当然ながら、排出事業者の現地確認も「自分の目で見て、適か不適か判断する」ことが大切だね。
リーサ：だから、現場を見て、自分で適か不適か判断できる知識が必要ということになる訳ですね。これは、大変だな。
BUN：これは簡単という訳にはいかないよ。産業廃棄物の処理は処理施設ごとに基準が違います。埋立と破砕では施設も基準も違ってくるってことはわかりますね。それに、たとえば、一番ポピュラーな最終処分場（埋立地）や焼却炉の基準でさえ、とても難しいのです。
リーサ：委託した産業廃棄物が適正に処理されているか？を、きちんと見るためには、それを処理している施設が基準通りに稼働しているか、そういうこともチェックしなければいけないのですね。
BUN：たとえば、焼却炉の場合は、「800度以上で焼却しているか」とか「排ガスは200度以下に冷却しているか」とか「集塵機は適正に稼働しているか」といった「基準」が出てきます。当然、そういった「基準」が守られているかは、いろんな計測器の知識や、それで測定されたデータの読み方なども必要になってきます。一朝一夕には身につけられない知識ですね。
リーサ：どうしたらいいですか？
BUN：リーサが環境分野に興味を持って、今後ともこの分野のスペシャリストを目指していきたいというなら、様々な関連資格があるから、それに挑戦してみるのもいいでしょう。
リーサ：具体的にはどのような資格がりますか？
BUN：廃棄物処理法で規定しているものとして、まず手頃なところでは特別管理産業廃棄物管理責任者があります。また、業者さんの視点から産業廃棄物の処理を勉強してみるのも役に立つから、産業廃棄物処理業許可取得講習会などもいいかもしれません。さらに、廃棄物処理施設技術管理者という資格に挑戦してみるのもいいですよ。

　廃棄物だけでなく、いろんな環境分野も担当しているなら、公害防止管理者もお薦め。これは受検資格として実務経験を要求されないから、リーサもすぐに受検できるし、水質、大気、騒音、振動などの分野別で、さらに1種から4種までランクもあるから、徐々に難易度を上げて挑戦することもできます。
リーサ：いずれそれにも挑戦するとして、差し当たって今年の現地調査には間に合いません。ぶしつけですが、すぐに間に合う項目を教えてください。

2-11 委託処理状況の確認 その4「現地確認」2（保管）

BUN：「さしあたって」ということで、初心者でもチェックできて、そして、最大のチェック項目は中間処分だと「保管」です。この世界には、「不適正処理は保管超過から始まる」と言われる位ですから、保管状態をチェックするのがもっとも手っ取り早いでしょう。
リーサ：「保管」の何をチェックすればいいですか？
BUN：まずは「量」でしょうか。合法的な「保管量」については、わかっていますか？
リーサ：処理能力の14日分ですね。これはマニフェストの返送日のところで勉強しました。
BUN：よく覚えていたましたね。焼却炉の処理能力が、100t／日、だったら保管していい量は100t×14日＝1400tだったね。
では、収集運搬の積替保管施設での保管量は？
リーサ：7日分と習った記憶があります。
BUN：正解ですが、何の7日分ですか？
リーサ：そう言われれば……。その会社で保有しているトラックの7日分ということではないですね。何の7日分ですか？
BUN：この基準が出来たときの通知があって、その通知によれば前月の搬出実績の7日分という主旨です。
リーサ：???
BUN：そもそも、なぜ大量保管、不適正保管状態になるかを考えてみると簡単なことですが、搬入するけど、搬出しない、だから溜まる一方となる訳ですね。この状態を回避するために、「前月の搬出実績の7日分」という規定を作ったということです。たとえば、前月にその積替保管施設から300tの産業廃棄物を搬出した実績があるなら、300÷30日×7日分＝70t、すなわち、この積替保管施設に当月保管してよい量は70tとなる訳です。
リーサ：と、なると、前月の実績で翌月の許容保管量が変わってしまいますね。それは、第三者からはわかりにくいですね。それに、前月中に何か会社の事情で、搬出できなかったということになると、0t÷30日×7日分＝0t、すなわち、翌月に全く保管してはいけないということですね。
BUN：そうだね。まあ、そんなこともあって、この規定が厳格に運用されているかは不明だけど、行政は大量保管の事案を見つけると、前月分の実績を報告させて「保管基準違反（正確には処理基準違反）」として改善命令の対象にもしています。
リーサ：少し基準が分かりにくいですね。
BUN：今話したのも、基準として一つの目安だけど、それと同時にハードによって決まってくる保管量制限もあります。極端な例だと1m四方の場所に100t保管するのは不可能ですよね。
リーサ：比重が水と同じ1として1m四方に100tというと、高さ100mですね。それは、不可能ですね。

図表・画像40●保管数量

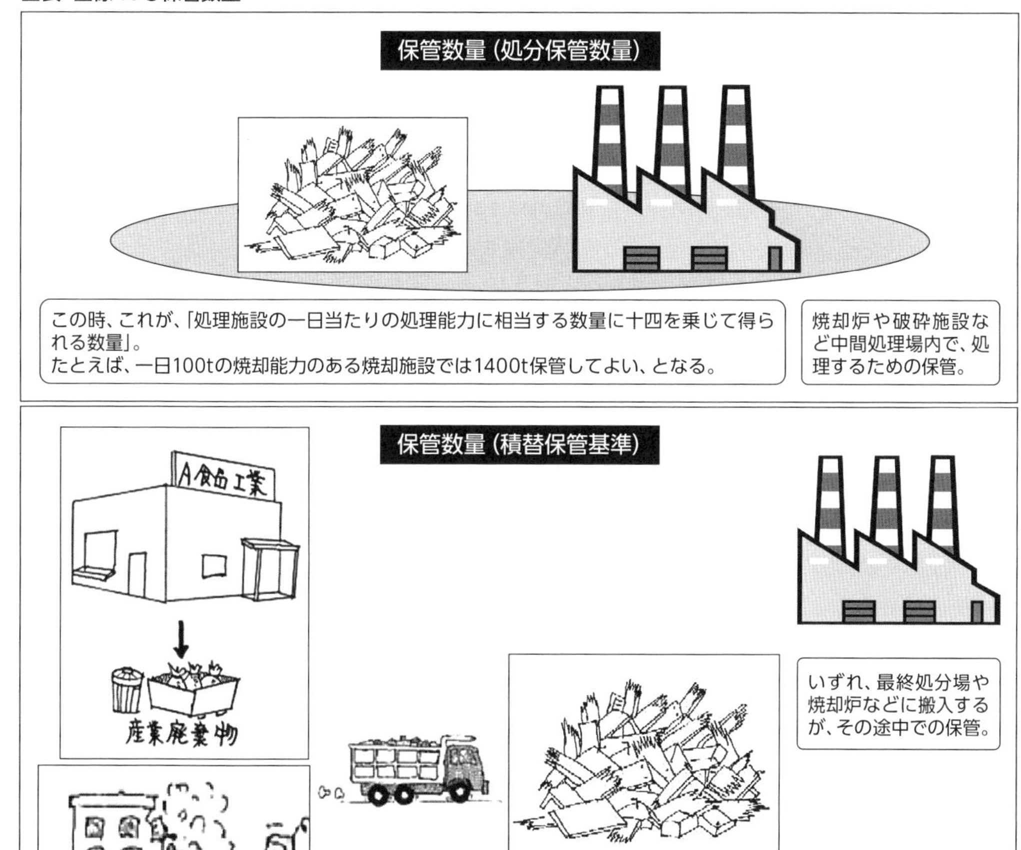

BUN：ところが、それ程では無いにしろ、昔は「保管場所からはみ出さなければいいだろう」ということで、山盛りに保管した事例が頻発しました。当時、マスコミはこういう山盛りを「産廃富士」と揶揄したね。そこで、新たな基準を作りました。それが「2対1勾配規制」というものですね。

リーサ：具体的にはどんな基準ですか？

BUN：野積みするときは、横2に対して、高さは1までという基準。たとえば、空き地に円形、円錐の形で産業廃棄物を保管する時は、横、すなわち半径が10mだったら、高さは5mまでということになるね。

リーサ：分かりました。それで「2対1勾配規制」ですね。保管「量」の他に注意すること、簡単にチェックできることは、他にどんなことがありますか？

BUN：忘れていけないのが、「共通基準」ですね。これは「保管」に限らず、収集運搬や中間処理、最終処分どんな時にでも「共通」する基準です。飛散、流出、地下浸透、悪臭、害虫、ネズミの害を出さないことというルールですね。

リーサ：それって、社会常識ですよね。

BUN：そうなんだけど、不適正処理の事案では、まさにこの「共通基準」を遵守していないケースがとても多いのです。リーサは、現地確認に言ったとき、しっかりこの基準に適合しているかチェックできるかな？

リーサ：できます！

BUN：そうかな。「臭いなあ。廃棄物が散らかっているなあ。」と思っても、業者さんから、「お客さん、産業廃棄物を扱っているのですから、この位の臭いはしますよ。この位は飛び散りますよ。」などと言われると、「そんなものかな」と思って、帰ってきていたりしませんか。

リーサ：ドキッとするご指摘ですね。

2-12 委託処理状況の確認 その5「現地確認」3

BUN：現地確認の続きになりますが、いくら年に1回以上現地確認に行って、チェック項目に従ってチェックをしたからと言って、完璧とはいきません。たとえば、保管場所の掲示板が立ててあるストックヤードは整理整頓がなっていて、保管量もそこそこであったとしても、掲示板の立っていない場所に山積みにしているかもしれないのです。
リーサ：そこを指摘し始めると切りがないようにも感じますが。
BUN：そのとおりです。排出事業者の責務は、いくらやっても切りがないのです。以前、話したことがありましたが、産業廃棄物の排出者の責任は、未成年の子供の不始末についての親の責任と似ています。親がいくら注意していても、子供が不始末を犯してしまったら、「オレは知らないよ」とは言えないのです。
リーサ：それでは、契約書にしたって、マニフェストにしたって、現地確認にしたって無意味に感じられますが……。
BUN：結果論と言われれば、そのとおりで、確かにそういう面もあるでしょう。でも、日頃から何も言葉もかけず、注意もしない親と、出かける前に「車に注意するんですよ」「道を渡るときは右左をよく見て横断するんですよ」と声をかける親と比べてみたらどうでしょうか？
リーサ：それは、何も考えずに飛び出していく子と用心深くいつも右左を確認して渡る子では、交通事故に遭う確率は違うでしょうね。
BUN：交通事故にしてもいくら注意しても「もらい事故」はあります。でも、日頃から注意している人と全く注意していない人とでは、事故に遭う確率が違うことは容易に想像が付きますよね。廃棄物処理法も同じだなあと感じています。

いくら契約書やマニフェストに注意を払っていても、不法投棄に巻き込まれることはあるかもしれません。でも、全くやっていない人と比べたら、その可能性は小さいし、おそらく被害額も少なくなると思います。

リーサ：なるほど。廃棄物処理法における排出者の責務も、そういう風に捉えていけば、多少は納得できます。契約書も、マニフェストも、現地確認も、ルール通りにやっているからと言って「完璧」ではない。「完璧」を望むなら、法令の建て前通り「自分で処理しなければならない」となる。委託処理における排出事業者の立場は、親と子の関係のようなもの。親がミスしなくても、子供が不始末を犯したら、それは親の責任。だから、親はいつも子供を見守っていなくてはならない。それでも、事故は起きる可能性は0ではない。でも、日頃から注意しているのと、していないのでは事故が起きる可能性は違うし、結果として被害額も小さくなるということですか？

それらも踏まえて、他に排出事業者の責務をより効率よく果たしていく、いい方法はありませんか。

BUN：「三人寄れば文殊の知恵」と言う諺にもあるように、一人の排出事業者だけではできないことでも、いろんな人達と協力すればできることもあると思います。

リーサ：たとえば?

BUN：先ほども触れましたが、「現地確認」と言っても、精々、年に1回か2回程度しか行けません。それに不案内な場所だから、どうしても調査先の業者に案内されるルートでしか見て来れない。だから、処理施設は見れるけど、施設から離れた山の麓に大量に保管、放置されていても、それに気がつくのは至難の業と言えますね。

そこで、委託先の処理施設の付近に住む住民の方に、日頃の調査を依頼しておく、といった方法もあるでしょう。

リーサ：付近住民の方は、自分たちがそこで生活している訳だから、生活環境保全上の支障には敏感ですね。処理施設だけじゃなく、付近の状況もわかりますし。他には?

BUN：グループ企業があるのでしたら、現地調査の情報を共有するという手もあるでしょう。極端な例として、グループ企業が12社あるのだったら、時期をずらしていけば1社は年に1回しか行っていなくても、毎月の状況を把握できます。

さらに、行政とも仲良くしていた方がいいでしょう。

リーサ：それはどういうことですか?

BUN：折角、現地確認に処理施設の所在している地方に行ったのなら、その足で所轄の行政窓口にも寄って、情報交換してくるのです。

リーサ：そうは言っても、行政には守秘義務があるし、忙しいでしょうから相手にされないのではありませんか?

BUN：たしかに、廃棄物処理法を所管している行政は、忙しい。それだけに、むしろ、排出事業者が現地確認に来てくれることはありがたいんですよ。世間の人は、悪徳業者が怖がっているのは警察や行政だと思っているかも知れないけど、彼らが一番怖がっているのは「お客様」なんです。お客様に嫌われたら、お金が入ってこない。それでは、「悪徳」なことをやっている意味が無い訳です。

行政のマンパワーも限られています。全ての処理施設、許可業者に毎年立入検査を行っているわけではありません。だから、排出事業者さんが、自分たちで処理状況を確認していてくれることはとてもありがたいことなんです。

それに、いくら守秘義務があると言っても、明日、改善命令をかけようとしている業者について、「構いませんよ。どんどん搬入して下さい。」とは言いません。そこは、会って5分でも10分でも情報交換すれば、自ずとわかることです。

リーサ：そうですね。何万円も使って、わざわざ現地に行くわけですから、担当行政の窓口に表敬訪問してくるのも悪くはないかも知れませんね。自社の力だけでは限りがある。だから、グループ企業、地域住民、行政とも協力して適正処理に努めていかなければならないということがよくわかりました。

BUN：そして、なんといっても委託処理では、最初に行うべき事。「たしかな業者を選びなさい」ということですね。

リーサ：読者の皆さん、基礎編、中級編と長らくお付き合いいただきありがとうございました。先生もありがとうございました。

BUN：はい、また会いましょう。

<BUN先生の今回のまとめ>

○現地確認のチェック票として、環境省通知「立入検査及び指導の強化について」は参考になる。
○検査票にある検査項目を理解しておく。
○調査は自分の目で確認してチェックする。
○関連資格に挑戦するなどして、専門的な知識の習得にも努める。
○現地確認の簡単にして最大のチェック項目は「保管状態」。
○不適正処理は保管超過から。
○処理施設の保管量上限は「処理能力14日分」。
○収集運搬積替保管施設での保管量上限は「7日分」。
○「共通基準」は、飛散、流出、地下浸透、悪臭、害虫、ネズミの害を出さないこと
○排出事業者と委託業者の関係は「親子の関係」に似ている。子の不始末は、親の責任。
○結果責任的な事案もあるが、日頃注意しているのとしていないのでは、確率が違う。
○排出事業者単独だけでなく、グループ企業、地域住民、地元行政との協力も。

<基礎編、中級編を終了した皆さんへ>

皆さま、第1章・2章を通じて、お付き合い頂いてありがとうございました。

読者の皆さまの中には、「つまみ食い」のような話題だったと思われる方もいらっしゃるかもしれません。

でも、1-1の時に、「廃棄物処理法の基礎知識は、物の区分、業許可制度、排出事業者という3要素」という話をしました。もう一度ここまでの各回の題名を「見出し目次」で見て下さい。物の区分、業許可制度、排出事業者の3要素についてコメントしてきました。

ここまでをマスターした方は、「初心者」卒業です。

第3章

BUNさんの妄説？定説？編

3-1 オリジン説

3-2 中間処理残渣物

3-3 総合判断説

3-4 建っている間は廃棄物処理法を適用しない

3-5 「排出時点」「排出者」がすり替わる

3-1 オリジン説

さて、ここからは内容的には一気にレベルアップします。

廃棄物処理法の難しさは、法令条文の難解さにもありますが、現実の運用と法令の規定が噛み合わないこと、法令では規定していない運用が多々あることも一因と感じています。そこで、そういった類（たぐい）の事項について、私（BUNさん）が日頃思っていること、由無し事などを、取り上げてみたいと思います。その類の事項ですから結論がないまま、尻切れトンボのような状態になったりしてしまうものもありますが、そういう事項は現実の運用も、「そのレベル」、すなわち「グレーゾーン」の事項なのだとご承知ください。

聞き手は、先ほどまでに、学習等をそれなりに積んで、一般的な基礎知識や実際の運用もある程度理解しているロボット社員の「リーサ」にお願いします。

なお、読者の方の混乱を少しでも避ける意味で、「定説」とされている部分には＜定説＞と明示し、評価が定まってない、グレーゾーン、BUNさんの独自論の部分には＜自説＞、＜妄説＞と明示することとします。

それでは行ってみましょう。最初に取り上げるテーマは「オリジン説」です。

3-1-1　オリジン説とは

リーサ：ここからは、廃棄物の業界では「グレーゾーン」と言われている分野に踏み込む訳ですね。最初のテーマは何ですか？

BUN：廃棄物処理法の根幹にかかわる「オリジン説」というテーマまで行きたいと思います。

リーサ：早々に？？？頭脳がショートしそう。

BUN：リーサは、廃棄物処理法では廃棄物は大きく一般廃棄物と産業廃棄物に区分されることは理解していますね。

リーサ：はい。法律では、まず産業廃棄物を定義して、そのうえで一般廃棄物は「廃棄物であって産業廃棄物以外のもの」と定義している。この規定の仕方では、廃棄物は必ず産業廃棄物か一般廃棄物に区分されるということになりますね。

BUN：さて、問題はその次、なんです。一般廃棄物を処理して「発生」「残る」物は一般廃棄物でしょうか？産業廃棄物でしょうか？

リーサ：いわゆる「中間処理後物」とか「処理残渣物」とか言う物ですか？リサイクルの後に商品、有価物に生まれ変わってしまった「物」は「廃棄物ではない」って明確に答えられるけど、処理した後の残渣廃棄物まではあまり深く考えたこと無かったですね。どうなるのですか？

BUN：＜定説＞「一般廃棄物を処理して出てくる廃棄物（残渣物）は一般廃棄物」「産業廃棄物を処理して出てくる廃棄物（残渣物）は産業廃棄物」というのが定説的運用だね。

処理する前に既に一般廃棄物であるものは、処理した後に出てくる物、残る物も一般廃棄物である。同様に、処理する前に既に産業廃棄物であるものは、処理後物も産業廃棄物である、というものです。

　もちろん、リーサの言うとおり、リサイクル工程を経て、製品という有価物になる部分は別ですよ。たとえば、実感しやすいのは次のような例でしょうか。産業廃棄物である廃プラスチック類を焼却炉で焼却した後に残る燃え殻は産業廃棄物である。

リーサ：当然、そうですよね。

BUN：産業廃棄物の場合は、「なんだ、あたりまえのことじゃないか」と思うかも知れません。しかし、これが一般廃棄物だとどうですか？

リーサ：一般廃棄物でも同じ事でしょう。一般廃棄物である紙くずを焼却炉で焼却した後に残る燃え殻は一般廃棄物であるということでしょう。

BUN：では、聞くよ。廃棄物処理法第2条第4項第1号で「産業廃棄物」の定義を規定しているのですが、ここで「事業活動に伴って生じた」と言う形容詞が出てきますね。「事業活動」とは何ですか？

リーサ：私が検索した限りでは、公式の通知には出てこなかったのですが、「廃棄物処理法の解説」の中の「法第2条」の「定義」の解説として、次のように書いてあります。

「事業活動というのは、環境基本法の中で用いられている概念と同様に広義のものであって、単に営利を目的とするもののみならず、公共事業、公共サービス等をも包括するものである。」

BUN：それでいいと思うよ。「廃棄物処理法の解説」は平成12年までは旧厚生省の担当者が直接、執筆、監修をやっていたし、この文章は廃棄物処理法がスタートした昭和46年の初版の時と変わっていない。だから、この考え方、概念は少なくとも、廃棄物処理法がスタートした時点では、公式見解と捉えていいと思います。

　話を戻しますが、「公共事業、公共サービス等をも包括する」ということは、市町村のクリーンセンターにおける「一般廃棄物処理業務」も事業活動となる訳ですね。

リーサ：「公共事業、公共サービス等をも包括する」と書いていますから市町村のクリーンセンターも事業活動でしょうね。

BUN：また、産業廃棄物は（現時点では）法律と政令で20種類が規定されています。このうち、汚泥や金属くずなどは業種の指定がありません。つまり、どのような事業活動から排出されたとしても産業廃棄物ということになります。燃え殻も業種指定の無い産業廃棄物の種類です。

リーサ：となると、市町村のクリーンセンターから排出される「一般廃棄物である紙くずや厨芥類を焼却した後に排出される燃え殻も産業廃棄物ではないか」となる訳ですか。市町村の業務も事業活動であり、そこから排出される燃え殻は業種指定のない品目ですから、この理論から行くと産業廃棄物となってしまいますね。

　でも、そんな論法が成立してしまえば、世の中の一般廃棄物は全て産業廃棄物に衣替えしてしまいますね。し尿処理施設から出てくる汚泥も、粗大ごみを破砕した後に出てくる金属くずも、「事業活動に伴って生じた汚泥、金属くず」ですから。

BUN：そう。これでは、廃棄物処理法で一般廃棄物と産業廃棄物を制度上区分した、そもそもの意味がなくなってしまいますね。

　そこで登場するのが、「オリジン説」です。

　元々一般廃棄物であった物はどこまで行っても（廃棄物を卒業しなければ）一般廃棄物。

　元々産業廃棄物であった物はどこまで行っても（廃棄物を卒業しなければ）産業廃棄物。

図表・画像41●オリジン説

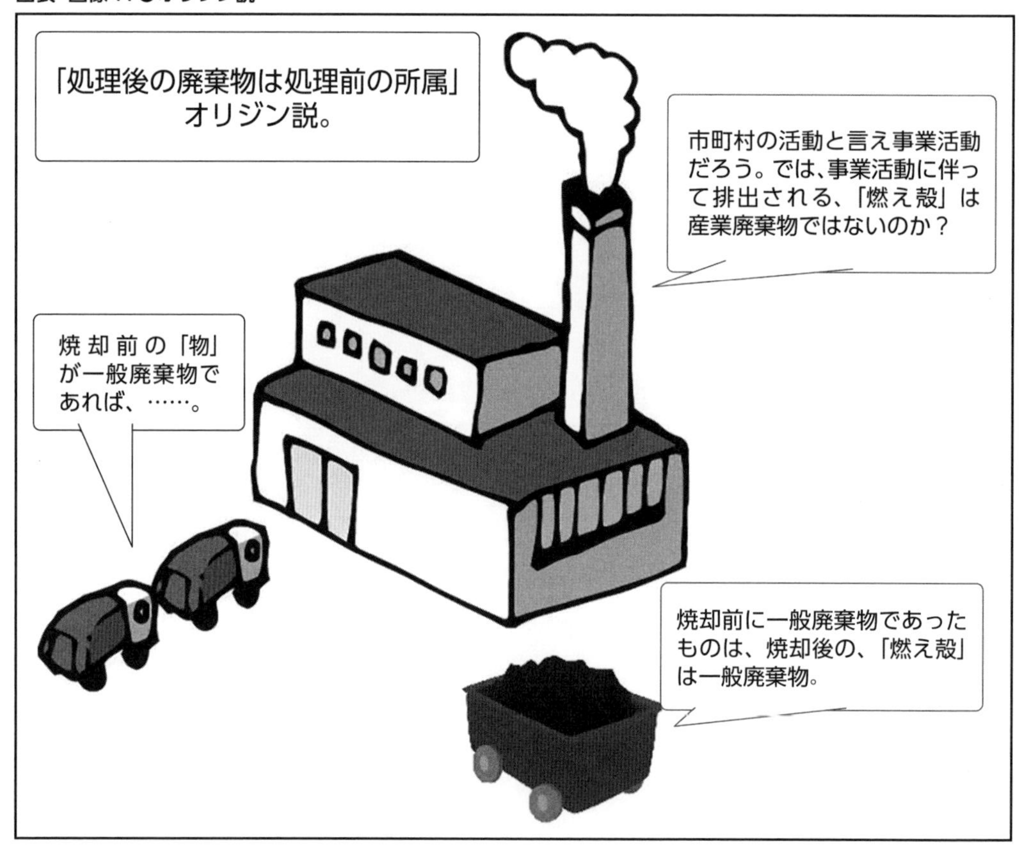

リーサ：それって、法律か政省令の条文では規定していないのですか。せめて、公文書の通知とか。さっきの「廃棄物処理法の解説」もいくら権威があると言っても、客観的には単なる一つの書籍にしかすぎない訳ですよね。

BUN：BUNさんはこの業界に足を踏み入れてかれこれ40年になるのですが、この理屈を公的に明示している通知は、残念ながら未だに見つけられずにいます。

しかし、前述の通り、こう考えなければ廃棄物処理法の全ての制度が根幹から揺らいでしまいます。

3-1-2. オリジン説は存在するという傍証

リーサ：一書籍の記載とBUNさんの自説は理解しましたが、本当に「オリジン説」が社会に通用するのか少し心配です。何か他にも根拠はないですか？

BUN：疑り深い性格は、廃棄物処理担当者としては向いているね（笑）。読者の皆さんの中にも、「オリジン説なんて、条文はおろか、公文書のどこにも登場していないじゃないか。単にBUNさんの独りよがりじゃないか。」と思われた方、いらっしゃるのではないでしょうか。ごもっともではあります。そこで、まず、BUNさんが「オリジン説」はたしかにある、という「傍証」をいくつか挙げてみました。

リーサ：傍証ですか。大変、興味深いです。

(1) 13号処理物

BUN：まず取り上げるのは「13号処理物」です。
リーサ：「13号処理物」というのは、産業廃棄物を定義している政令第2条第1項の最後、第13号に登場するものでしたね。
BUN：さっきは、「一般廃棄物が産業廃棄物に衣替えする」屁理屈を紹介しましたが、実務上はこの逆の「産業廃棄物が一般廃棄物に衣替えする」の方が問題です。
リーサ：「市町村のクリーンセンターで一般廃棄物である紙くずを燃やして出てくる燃え殻は産業廃棄物ではないか？」という理論展開でしたね。この件よりも、「産業廃棄物が一般廃棄物に衣替えする」の方がもっと問題なのですか。
BUN：はい。なぜかと言えば、廃棄物処理法の理念の一つに「一般廃棄物の統括的責任は市町村にある」とするものがあるからです。

もし、産業廃棄物が簡単に一般廃棄物に衣替えが可能なら、産業廃棄物の排出事業者責任も簡単に市町村に付け替えられてしまうからです。

だから、（現時点では「へんてこ」な訳の分からない表現に改正されてしまいましたが）産業廃棄物の最後の砦として、政令13号で「産業廃棄物を処理して、その結果、前号までに（法律6種類と政令12号までに）該当しない<物>になっていても、それは産業廃棄物だよ」と規定しているのですね。
リーサ：一応、その条文を確認しておきます。

政令
第二条（産業廃棄物）
　法第二条第四項第一号の政令で定める廃棄物は、次のとおりとする。
十三　燃え殻、汚泥、廃油、廃酸、廃アルカリ、廃プラスチック類、前各号に掲げる廃棄物（第一号から第三号まで、第五号から第九号まで及び前号に掲げる廃棄物にあつては、事業活動に伴つて生じたものに限る。）又は法第二条第四項第二号に掲げる廃棄物を処分するために処理したものであつて、これらの廃棄物に該当しないもの

リーサ：とても難解ですね。解説をお願いします。
BUN：最初に登場する「燃え殻、汚泥、廃油、廃酸、廃アルカリ、廃プラスチック類」の6種類は、法律に登場する産業廃棄物。次はカッコ書きを無視すれば、政令の1号から12号までに登場する産業廃棄物。つまり、「13号以外の産業廃棄物」ですね。

「法第二条第四項第二号に掲げる廃棄物」というのは「輸入廃棄物」。
リーサ：輸入廃棄物は産業廃棄物とするという規定でしたね。
BUN：「これを処分するために処理したもの」はテーマになっている「中間処理残渣物」。「これらの廃棄物に該当しないもの」ということは、これらに該当するなら、その産業廃棄物でいいでしょうということです。つまり処理した結果、燃え殻なら「燃え殻」という産業廃棄物は規定しているから、そちらの区分でいいということ。
リーサ：なるほど。「処分するために処理したものであつて、これらの廃棄物に該当しないもの」となると、産業廃棄物として処理した物は、具体的に規定している産業廃棄物に該当しなくても、産業廃棄物（この13号）になる。

つまり、産業廃棄物を処理した結果「出てくる」、「残る」、「存在する」廃棄物は、たとえ具

体的に種類を明示している産業廃棄物でないとしても、産業廃棄物ってことになる訳ですね。これで、産業廃棄物の方は法的根拠も明解です。「産廃を処理して残る物は、やはり産廃」。どんな状態になっていようと産業廃棄物と規定した訳ですね。

BUN：ただ、これも厳密に見ていくと突っ込みどころが満載です。たとえば、具体的にどんな物があるのか？「処分を意図せず処理する」ってあるのか？ カッコ書きはなぜ必要なのか？等々あるのですが、ここでは、この点は別の機会としましょう。

リーサ：では、次の傍証に行ってください。

(2) 各種リサイクル法の許可不要制度

BUN：次に「一般廃棄物は一般廃棄物」「産業廃棄物は産業廃棄物」と国（制度設計者）は考えているんだろうなという制度があります。

それは、各種リサイクル法の許可不要制度です。

現在、リサイクル法には家電、小型家電、食品、容器、建設、自動車の6つのリサイクル法が規定されています。このうち、建設リサイクル法には許可不要制度は規定されていませんし、食品と容器は一般廃棄物だけの規定なので、自動車リサイクル法で示します。

自動車リサイクル法の許可不要制度は、自リ法第122条で規定されています。第1項では、廃棄自動車の引取業の登録を取った業者は廃棄物処理法の第7条（一般廃棄物処理業）の許可も第14条（産業廃棄物処理業）の許可も不要、と規定しています。

さらに、引き取った次の工程として「解体」する訳ですが、この「解体業」については第2項で同様に、「解体業の許可を取った業者は、廃棄物処理法の第7条（一般廃棄物処理業）の許可も第14条（産業廃棄物処理業）の許可も不要、と規定しています。

図表・画像42●自動車リサイクルの流れ

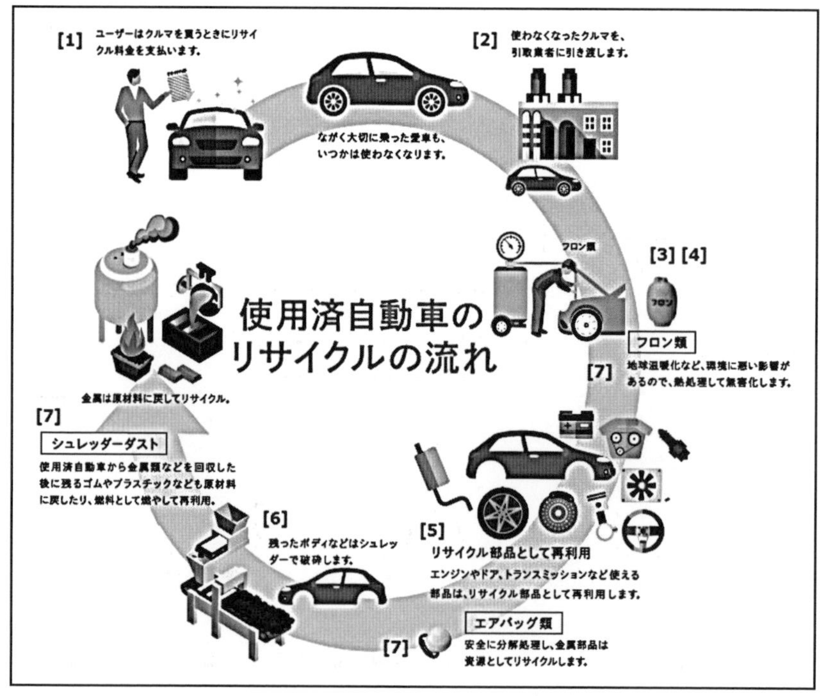

出典：（公財）自動車リサイクル促進センター

リーサ：なるほど。一般廃棄物は一般廃棄物、産業廃棄物は産業廃棄物と、わざわざ明記して許可不要を規定しているのだから、各種リサイクル法においても、「一般廃棄物は一般廃棄物」、「産業廃棄物は産業廃棄物」という原則的なルールがあるんだということですね。それに、引き取った後の「解体」でも一般廃棄物と産業廃棄物のどちらの規定も設定しているってことは、一般廃棄物は一般廃棄物、産業廃棄物は産業廃棄物という紐付けをしているってことですね。

3-1-3. オリジン説の限界

BUN：ところが、この「一廃は一廃、産廃は産廃」の大原則が崩れつつあります。
　それを実感出来るのも実は、各種リサイクル法です。
リーサ：具体的には?
BUN：たとえば、容器包装リサイクル法は市町村が収集運搬した一般廃棄物である廃容器が対象になっていて、大筋の制度、処理ルートは現在でも上手く行っていると思っています。
　大変なのが、リサイクル工場から排出される処理残渣です。
リーサ：そうですか。各種リサイクル法は排出者の立場では、規定通りに受け渡せば、それで完了だから、その後の処理フローなど考えても見ませんでした。だけど、改めて考えれば100%リサイクルというのはなかなか難しいでしょうから、どうしても残渣は出ますね。
BUN：前述の通り容器包装リサイクル法の対象になるのは一般廃棄物ですから、市町村によって集められた時点でも一般廃棄物、さらにこれを「リサイクル」という処理をやる時点でも、原料は一般廃棄物ということになります。
リーサ：なるほど。リサイクル工場から製品となって世の中に戻るメインルートのものは、これは有価物ですからいいのでしょうけど、処理の過程で残渣物として排出されるいわゆる「中間処理残渣物」。これはオリジン説から言えば、「処理する前に既に一般廃棄物であった物から出た廃棄物」ですから、一般廃棄物となってしまうということですね。
BUN：ただ、そうなると、一般廃棄物の統括的責任は市町村にあるということになり、リサイクル工場が所在する市町村に押しつけられてしまうことにもなりかねません。
リーサ：それはリサイクル工場が立地している市町村にだけしわ寄せが行きますね。そんなことをやっていたら、容器包装のリサイクル工場は、どの市町村からも敬遠されてしまいますね。現実にはどうしているのですか?
BUN：容器包装リサイクル法の通知には明確なものは見つけられないでいるのですが、実は前述の自動車リサイクル法には面白い規定と、その解釈があります。
　それは、自動車リサイクル法第122条第3項の「破砕業」の規定です。先に紹介したとおり「引取業」「解体業」には7条一般廃棄物処理業、14条産業廃棄物処理業ともに「許可不要」とする規定があるのですが、「破砕業」には14条の産業廃棄物処理業の不要制度しか規定していないんです。
リーサ：破砕業については、一般廃棄物について例外規定が無いのは、原則通り一般廃棄物については一般廃棄物処理業の許可を取りなさいっということですか。引取業と解体業には一般廃棄物の許可不要制度は規定されているということですから、物理的、業務的にもそれに引き続く破砕業から一般廃棄物処理業許可についての規定が無くなるとというのは不思議な話ですね。
BUN：私も、当初、この条項を見たときは、「廃棄自動車の破砕業に関しては一般廃棄物処理業の特例は規定していないから、一般廃棄物処理業の許可は必要なんだ。不思議な規定だな。」

と思いました。
　そうしたところ、この条項の解説には次のように書いてあるんですね。
「自動車リサイクル法では解体自動車は廃棄物として扱うこととされており、その材質等から見て産業廃棄物に該当する。」
リーサ：何と強引な論法ですね。「材質から見て産業廃棄物」と言えるのなら、その手前の「解体業」の時点でも言えますよね。
BUN：結局、ここにオリジン説の限界を見た、とも言えるでしょうね。
　おそらく、前述の容器包装リサイクル法のリサイクル工場でも、家電リサイクル法のリサイクル工場でも、そこから排出される「処理残渣物」をリサイクル工場が所在している市町村で引き受けてくれているところは少ないのではないかと思っています。
　以上のことから、オリジン説は原則論としては建て付けはよいのですが、廃棄物処理の世界が複雑化した現代では、全てのケースで最後まで押し通すのは無理になってきていると感じています。
リーサ：私の頭脳も、法令自体も混乱しっぱなしです。
BUN：＜自説＞私（BUNさん）は、平成12年の改正で理論を変更してしまいましたが、もう一度「中間処理残渣物の排出者は中間処理業者」という論法に戻してはどうかと思っています。
リーサ：もう少し詳しくお話しください
BUN：分かりました。オリジン説も長くなったので、「中間処理後物」の＜定説＞＜妄説＞については、別立てとして、一旦ここで区切ることにしましょう。

「オリジン説」のまとめ
　公的な文書には無いが、廃棄物処理法の世界では「オリジン説」が定説である。
　これは「処理する前に一般廃棄物である物は処理した後に出る物も一般廃棄物」「処理する前に産業廃棄物である物は処理した後に出る物も産業廃棄物」とするものである。
＜自説、妄説＞
　リサイクル事業の時には、適当な段階で、オリジン説を卒業せざるを得ない。

3-2　中間処理残渣物

3-2-1　中間処理残渣物とは？

リーサ： 3-1では「オリジン説」について様々な角度から検証してきましたけど、そこで課題になってくるのが「中間処理残渣物」ということでした。

中間処理残渣物については、現在でも委託契約書やマニフェスト交付義務は中間処理業者が担っていますよね。これは、中間処理残渣物の処理責任は中間処理業者にあるということでいいのではないですか？

BUN： ＜定説＞平成12年の法令改正までは、中間処理残渣物の排出者は中間処理業者である、として運用されてきました。しかし、現在では、中間処理の際に排出される中間処理残渣物の排出者は元々の排出者（事業者）である、とされています。

詳細に入る前に、中間処理残渣物について「定義」している条文を見てみましょう。（今回のテーマに直接関わらない部分は略しています。）

法律第12条第5項　事業者（中間処理業者（発生から最終処分（略）が終了するまでの一連の処理の行程の中途において産業廃棄物を処分する者をいう。以下同じ。）を含む。略）は、その産業廃棄物（略、中間処理産業廃棄物（発生から最終処分が終了するまでの一連の処理の行程の中途において産業廃棄物を処分した後の産業廃棄物をいう。以下同じ。）を含む。略。）の運搬又は処分を他人に委託する場合には、（略）産業廃棄物処理業者（略）にそれぞれ委託しなければならない。

BUN： 途中、相当省略したけど、それでも長文です。この条文は廃棄物処理法の中でも一番カッコ書きが多く登場する条文です。

リーサ： でも、そのカッコ書きのおかげで「中間処理業者」＝「発生から最終処分が終了するまでの一連の処理の行程の中途において産業廃棄物を処分する者をいう。」ということと「中間処理産業廃棄物」＝「発生から最終処分が終了するまでの一連の処理の行程の中途において産業廃棄物を処分した後の産業廃棄物」ということが明確にわかりますね。

これで前述のとおり、中間処理残渣物の時だけは中間処理業者を事業者とみなすので、中間処理残渣物についての委託契約書とマニフェストは中間処理業者の責務だってなる訳ですね。

3-2-2. 中間処理残渣物の処理責任

リーサ： 話は振り出しに戻りますが、こんなややこしい条文を作るのなら、最初から「中間処理残渣物の排出事業者は中間処理業者」としておけば良かったと思いますが？ 中間処理残渣物の処理責任を中間処理業者にあるとした場合、何が不都合なのでしょうか？

BUN： その理念で行くと、中間処理残渣の不法投棄や不適正保管があった場合に、元々の排出者の責任が問えなくなる、ということのようです。そこで、実務運用上やりようが無く、また、それまでの運用も踏まえて、委託契約書とマニフェストについては「中間処理残渣物については中間処理業者を事業者とみなす」として、その理念、考え方を変更することにしました。

なお、この改正は平成12年9月だったのですが、なかなか趣旨が徹底出来なかったとして、環境省は平成17年9月に再度通知を発出している。経緯や詳細をさらに勉強したいときは平成17年9月30日通知、第2、3を参照してみてください。

ちなみに、この理念に基づいてマニフェストのE票の規定等がなされています。

リーサ：「E票」は二次マニフェストですね。たとえば、木くずの焼却を中間処理業者に委託して、焼却後に燃え殻が出て、その燃え殻を最終処分業者に委託して、無事に埋立処分が終了した旨を記載したマニフェストが、中間処理業者を経由して元々の排出事業者に報告されるというシステムでしたね。そうですか。こんな理屈があるから、取り扱いが面倒なE票の制度が出来たのですね。

BUN：＜自説＞でも、この理論は、不適正事案において排出事業者を措置命令の対象とする（法第19条の5、第19条の6）といった事案の時は理論構成しやすいけど、契約書、マニフェスト、責任所在といった実務の面では対応がややこしいですね。

リーサ：実際の運用を考えても、ちょっと無理筋ですね。たとえば、排出者甲1～甲100までの100社からの廃プラスチック類を焼却業者乙社が引き受けて焼却。そこから出てくる燃え殻を丙A、B、Cの3社の埋立業者に委託しているとしますね。

実際には埋立業者丙Aに行っている燃え殻の元となっている廃プラスチック類は甲1～100社のどれでしょうか？ などと紐付けするのは不可能ですよ。

でも、一応たてまえとしては、マニフェストのE票は甲1～100に返却している。

こんな状況で、万一、丙B社が不適正な処理をやっていた時に、甲1～甲100まで同じ行政処分が出来るかと言えば、不可能ではないですか？

BUN：実際の不適正処理の行政処分については、その事案毎に行政はいろんな要因、経緯等を総合的に判断して対応しているようです。ところで、中間処理残渣物については、別の課題もあるんだ。

図表・画像43●中間処理残渣物

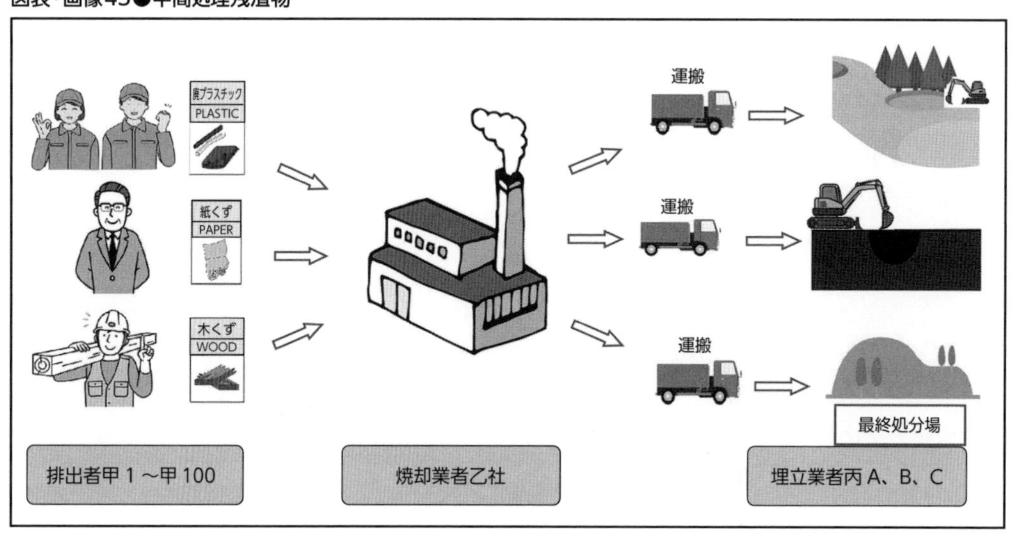

3-2-3. 中間処理残渣物の「種類」「区分」

リーサ：ここまで、中間処理残渣物とは何なのか、中間処理残渣物の処理責任という観点から中間処理残渣物を見てきました。次はどのような内容ですか？

BUN：中間処理残渣物の「種類」「区分」について考えてみたいと思います。

リーサは次のような状況をどう捉えますか？

パチンコ屋さんから排出される廃パチンコ台を思い浮かべて下さい。この廃パチンコ台の処理を受託する業者さんは、どういう品目の許可が要ると思いますか？

リーサ：これは基礎知識でやりましたけど、まず「廃パチンコ台」という品目は産業廃棄物20種類ではない。よって、「混合物」という考え方により、それを構成しているパーツ、パーツで考える。パチンコ台の材料から推測して「廃プラスチック類、金属くず、ガラスくず」の品目が許可証に記載されていたらOKというところですか。

BUN：そうだね。現実的にも廃パチンコ台は、「事業活動に伴って排出される廃プラスチック類、金属くず、ガラスくず」として、すなわち産業廃棄物として処理ルートに流れます。

ところが、パチンコ台を分解すると結構な量の「木くず」が出てきます。

図表・画像44●パチンコ台を解体すると…

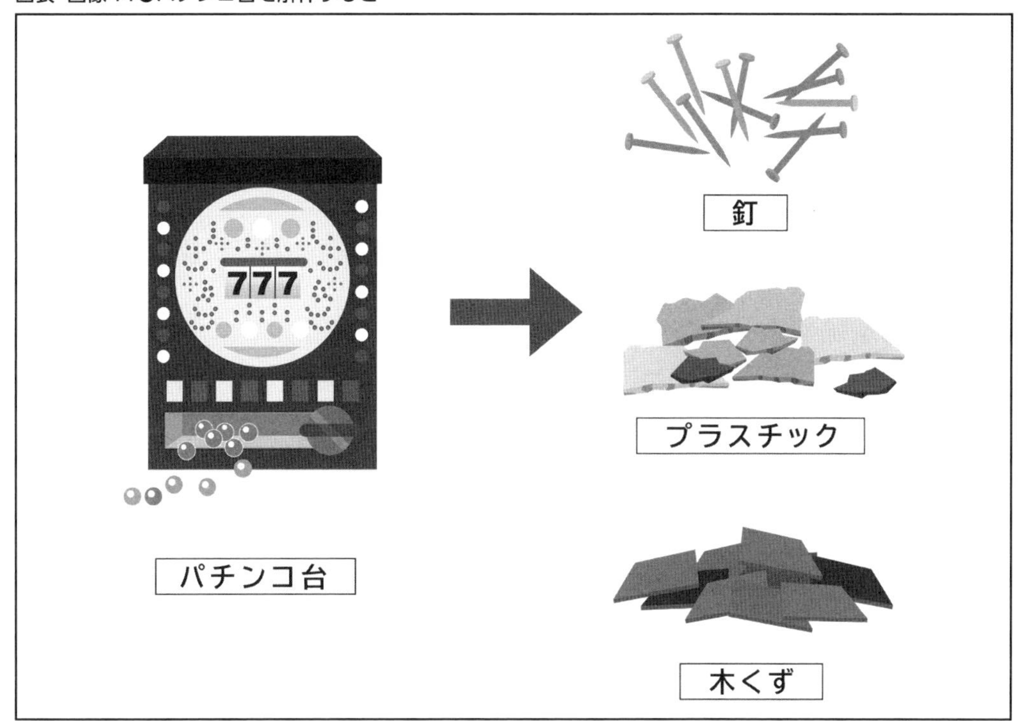

リーサ：改めて思い返せば、パチンコ台の枠や背面は木材ですね。「木くず」は業種が限定されています。建設業や木製品製造業から排出されれば産業廃棄物ですが、それ以外の業種から排出されれば一般廃棄物、いわゆる事業系一般廃棄物になってしまいますね。

BUN：しかし、処理業者さんは廃パチンコ台を産業廃棄物として受け取っています。

リーサ：例のオリジン説に従えば、「処理する前に産業廃棄物であった物は、処理した後に出てくる物も産業廃棄物」となり、この木くずは「産業廃棄物」にしなければならないということになりますね。

BUN：はい。そして、「中間処理業者が排出事業者ではない」としたのですから、処理業者は自分では廃棄物を排出しません。もちろん、処理業とともに別の、たとえば建設業とか製造業も営んでいる、という者は、建設業や製造業としての立場では排出します。あくまでも処理業者の立場としては……ということですが。

リーサ：そうなると、パチンコ台を分解したときに出てきてしまう「木くず」は、元々産業廃棄物ですから、産業廃棄物にしなければならない。しかし、排出事業種類の関係から政令第2条第2号の「産廃木くず」にも該当しない。落ち着くところが無くなり宙に浮く感じですね。

BUN：<妄説>そこで行き着く先が「13号処理物」ということになる訳です。

リーサ：ここで13号処理物ですか？ 13号処理物と言えば、普通は有害金属類が溶出しないようにコンクリートやキレート剤で塗り固めた「物」とかですよね。廃棄物処理法を知っている人ほど、単なる木くずを13号処理物にすることに抵抗を覚えるのではないですか？

3-2-4. 中間処理業を全ての指定業種に

BUN：<自説>ここでBUNさんは提案したい。

平成12年改正の「中間処理残渣物の排出者は元々の排出者」という理念を元に戻したらどうか。不適正事案における措置命令の対象にするという原状回復責任の規定は、それは改めて別途規定する。しかし、それ以外の規定は、「中間処理残渣物の排出者は中間処理業者」とする。

リーサ：まぁ、何回も言っているとおり、現実に、委託契約書とマニフェストについては、カッコ書きでわざわざ「中間処理業者を事業者とみなす」規定までしているのですから、私も賛同します。でも、それだけでは、パチンコ台の木枠が産業廃棄物に変わるということにはなりませんよね。

BUN：はい。そうした上で、中間処理業者をあらゆる産業廃棄物の指定業種にしてしまうのです。これだと、オリジン説で取り上げたリサイクル残渣の矛盾、今回挙げたマニフェストの紐付け、そして13号処理物の違和感も一挙に解決します。

リーサ：なるほど。「中間処理残渣は中間処理業者を排出者とする」と位置付けられれば、各種リサイクル事業から出てくる処理残渣は、そこから「排出者責任がスタートする」とすることができる訳ですね。一般廃棄物を「原料」としていても、中間処理業者を排出者と位置付けられれば、処理残渣物は産業廃棄物と位置付けることも可能ですね。

さらに、中間処理業者をあらゆる産業廃棄物の指定業種にしてしまえば、それが木くずであろうと紙くずであろうと産業廃棄物とすることが可能ということですね。そうであれば、パチンコ台からの木くずも13号を待たずに2号の「木くず」に包含出来ます。八方丸く収まりますね。

非常にいい観点ですね。私もBUN先生の案に賛同します。

BUN：ありがとう。ただし、国会議員の先生方や、霞が関の人達に賛同いただけないと「制度」「定説」にはならない。多くの世の中の人に賛同を得るまでは、今の法令を守って廃棄物処理法を運用して下さい。

図表・画像45●中間処理残渣物の排出者

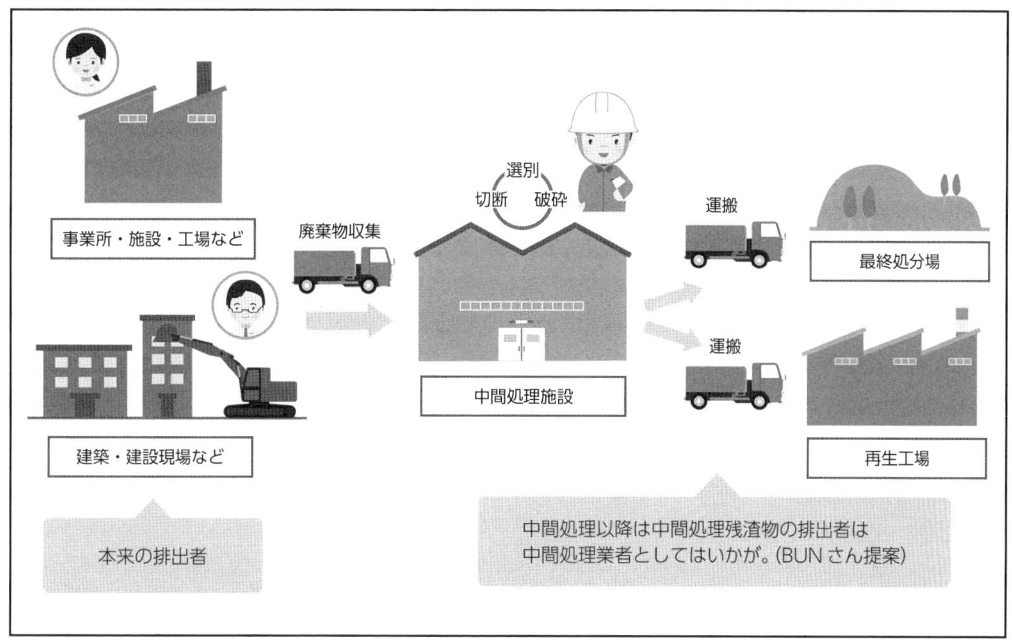

「中間処理物」のまとめ

<定説>

中間処理残渣物の排出者は元々の排出者（事業者）である。

<自説><妄説>

中間処理残渣物の排出者は中間処理業者として、あらゆる産業廃棄物の指定業種に中間処理業者を位置付ける。(BUNさんの提案は、あくまでも私案ですからご注意の程)

3-3 総合判断説

3-3-1.「総合判断説」とは

BUN：ここからは「総合判断説」を取り上げていきたいと思います。

＜定説＞「総合判断説」に関する最近の公式な通知としては、令和3年4月改訂（初見、平成17年8月）、環境省産業廃棄物課長名で各自治体に向けて発出された「行政処分の指針について」（以下「行政処分指針」と記す。）の冒頭「第1総論、4事実認定について、(2) 廃棄物該当性の判断について」中で記載されています。

リーサ：「行政処分指針」というのは、いわゆる行政が悪徳業者対策をするために発出されたものですね。この指針に「総合判断説」が書かれているのですか？

BUN：「行政処分指針」は昔からありましたが、大改訂をして現在のスタイルになったのは平成13年の通知からです。しかし、平成13年の通知には「廃棄物該当性の判断」という項目はありませんでした。もちろん、それ以前の指針にもありませんでした。

リーサ：なぜ、平成17年の改正の時に新たに追加されたのでしょうか？

BUN：それは、いかに行政が、悪徳業者による「これは有価物であって廃棄物ではない」という抗弁に悩まされてきたかが窺えるものと思っています。リーサに社内やグループ企業の社員さんから寄せられる質問で最も多いのは、どのようなものですか？

リーサ：それはなんといっても、「この物は廃棄物なのか？ 有価物なのか？」という質問です。これによって許可が要らなくなったり、逆に重大な違反行為である無許可になったりする訳ですから。

BUN：そうですね。その答えとなるのが「総合判断説」なんです。だから、行政処分指針の冒頭で総合判断説を取り上げて、解説するようになっているんですね。

「行政処分指針」では、「物の性状」「排出の状況」「通常の取扱い形態」「取引価値の有無」「占有者の意思」の5項目に「その他」を追加した計6つの要素で「物は廃棄物かどうか」を判断しろ、と述べています。

3-3-2. 総合的に判断と言われても……

リーサ：「総合判断説」については聞いたことはあるのですが、自分が判断出来るかと言われると、なかなか難しいですよね。

BUN：はい。総合判断説の取扱いで難しいのは、項目こそ明示されているものの、「どれか1項目でも当てはまらなければ廃棄物になる」というものでもなければ、「1項目クリアで有価物になる」というものでもなく、あくまでも「総合的に判断」しなければならないところではないかと思っています＜自説＞。

総合判断説による判断を迫られたときに、最後に苦慮するのがこの点なのです。

リーサ：そう、そこなんです。「毒性がある」といった要因と「私にとっては価値のあるもので

図表・画像46●総合判断と言われても…

す」という要因を、どのように折り合いを付けていけばいいのか。「売った、買った」ならまだしも「タダ、0円で取り扱います」なんてケースでは、どう考えていけばいいのか？ いつもわからなくなってしまいます。

BUN：＜妄説＞あくまでも、私の感覚としてですが、この6つの要素が全て均等の重みという訳でもなく、「物の性状」と「取引価値の有無」は他の要素に比較し、飛び抜けて高い感じを受けています。

リーサ：毒のある物や悪臭がきつい物。引き取って貰うのにお金を支払わなければならない物などは、やはり、廃棄物かなぁと感じています。でも、それだけでは判断してはいけないのですよね。

BUN：そうですね。農薬などは毒性があっても売り買いされていますからね。

リーサ：改めて、どう考えていけばいいのでしょうか？

3-3-3. 総合判断説点数比較論＜自説、妄説＞

BUN：そこで、本来であれば、「物」が有価物かどうかは総合的に判断するべきものであり、絶対的、客観的には判断出来ないものであるにもかかわらず、あえて多くの人と共通的な判断基準に立てるように、総合判断説5項目について点数を付けてみようと考えてみました。

リーサ：それは面白そうですね。さっそく提案してみて下さい。

BUN：次のような感じです。

【総合判断説】5項目＋1の比重

＜極めて妄説＞

総合判断説における6項目の重みについて、BUNさんは「同じではない」「均等ではない」のではないかと感じています。

誤解を覚悟の上であえて6項目に点数（100点満点）を配分してみました。

「物の性状」…………………40点
「排出の状況」………………　5点
「通常の取扱い形態」………　5点
「取引価値の有無」…………40点
「占有者の意思」……………　5点
「その他」……………………　5点

以上、100点満点として50点を超えるようなら、廃棄物該当性が極めて高くなる、という感じで捉えています。(仮称「BUN式点数加算法」)

リーサ：どうしてこのような点数配分にしたのですか？

BUN：はい。では、このように考える根拠について以下に述べてみましょう。

(1) 物の性状について

1【物の性状……40点】

＜定説＞

まず、「物の性状」ですが、行政処分指針の中で、次のように述べています。

> **廃棄物該当性の判断について**
> ①廃棄物とは、…(途中略)…総合的に勘案して判断すべきものであること。
> 　廃棄物は、不要であるために占有者の自由な処分に任せるとぞんざいに扱われるおそれがあり、生活環境保全上の支障を生じる可能性を常に有していることから、法による適切な管理下に置くことが必要であること。

リーサ：廃棄物処理法第1条の「目的」にあるとおり、そもそもこの法律、ルールがなんのために制定されているか、ということを考え合わせると、「生活環境を保全する」ということが第一ですね。

BUN：＜自説＞常識的に言っても、「有害性のあるもの」「悪臭の強い物」等のマイナス要因（物の性状）がある「物」は、社会のルールの規制下におくことが望ましいことに異論はないと思われます。

よって、「有害性のあるもの」「悪臭の強い物」等のマイナス要因（物の性状）は、廃棄物であることの大きな要因となると思います。

しかし、ここで注意すべきなのは、有害性等があることが即廃棄物ではないことです。身近な例として、先ほど言っていた「農薬」を挙げてみましょう。たいていの農薬は有害です。でも、除草や殺虫等の有＜益＞性が優先し、少なくとも店で販売している時点では、誰一人として廃棄物とは思わないでしょう。

その他の例としては、有害と言われる鉛を高濃度に含むバッテリーの原液やクロムメッキに

図表・画像47●バッテリーや農薬は？

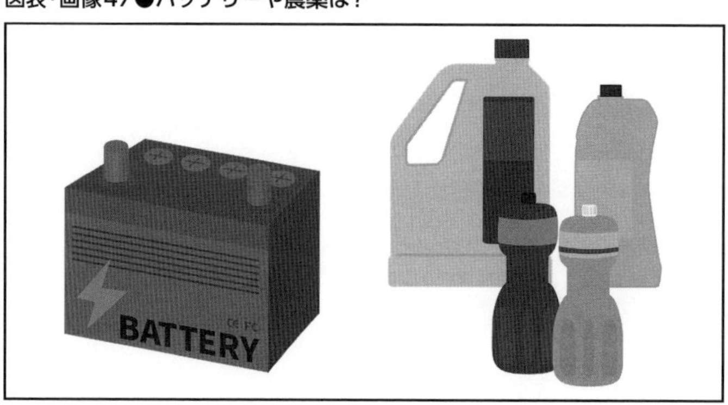

使用するメッキ溶液なども挙げておきましょうか。

バッテリー工場では、バッテリーの原液を、メッキ工場ではメッキの原液を、原料として仕入れていることから、廃棄物でないことは明白でしょう。

総合判断説の他の項目は後ほど確認することになりますが、まぁ、販売している農薬、バッテリー原液、メッキ溶液などは、「物の性状」以外の「排出の状況」「通常の取扱い形態」「取引価値の有無」「占有者の意志」「その他」の項目では、廃棄物に該当する項目は無いように思われます。（後ほど詳細を検証）

このように「農薬」や「バッテリーの原液」「メッキ溶液」は、「有害性」（物の性状）という点では40点が加算されるものの、その他の項目は該当するものはなく、40点止まりであることから50点は超えず、廃棄物処理法の対象とはならないと考えられると判定する手法です。

リーサ：たしかに、農薬は毒性はあるものの、薬局の店頭に並んでいる状態を見て、廃棄物だと思う人はいないわね。まっ、ここまでは了解したとしておきます。

BUN：しかし、これが原料として大切に扱われているのではなく、たとえば、必要以上に農薬を買いすぎて、余ってしまって雨ざらしに何年間も置かれている、という状況ならどうでしょうか？

(2)「排出の状況」「通常の取扱い形態」「占有者の意思」について

リーサ：そんな状態なら「要らない」ということになりますね。

BUN：こういった時に特に出動しなければならない項目が、「排出の状況」「通常の取扱い形態」と「占有者の意思」でしょう。まず「定説」を確認しておきましょう。

<定説>
行政処分指針から抜粋

イ　排出の状況
　　排出が需要に沿った計画的なものであり、排出前や排出時に適切な保管や品質管理がなされていること。

ウ　通常の取扱い形態
　　製品としての市場が形成されており、廃棄物として処理されている事例が通常は認められないこと。

オ　占有者の意思
　　客観的要素から社会通念上合理的に認定し得る占有者の意思として、適切に利用し若しくは他者に有償譲渡する意思が認められること、又は放置若しくは処分の意思が認められないこと。

前項で提示したBUN式点数加算法を使って「廃棄物かどうか」を判断してみましょう。

私（BUNさん）は、この項目はそれぞれ5点しか重みを置いていません。

リーサ：前回の「物の性状」とまだ取り上げていませんが「取引価値の有無」は40点を付けていますから、8分の1にしかなりませんね。なぜですか？

BUN：そもそも、この総合判断説が重要視される「物」は0円近辺の「物」で廃棄物か有価物か判断に困るからこそ、このような理論が必要になっている訳です。

リーサ：それはそうですね。高級品はもちろんスーパーの買い物レベルでも総合判断説を持ち出す人はいないですよね。

BUN：と言うことは、0円近辺だからこそ総合判断説が必要になっている訳です。総合判断説を定説として確立させた事件が「おから裁判」でした。
リーサ：「おから裁判」、耳にしたことがあります。たしか、豆腐屋さんから出てくる「おから」を扱っていた人が、無許可を問われて最高裁まで争った裁判ですよね。
BUN：「おから」も0円近辺を行ったり来たりしているからこそ、廃棄物か有価物かで裁判になった訳ですよね。
この「有価物か廃棄物か判断に迷う物」の一つに「リサイクル製品」があります。
リーサ：たとえば、動植物性残渣を原料として製造した「堆肥」とか、ばいじんを原料とした土壌改良材とか、コンクリート殻を原料とした再生骨材といった「物」が果たして有価物なのか廃棄物なのか？と言ったケースですね。
BUN：もし、これが社会的に見て「廃棄物だ」となれば、それをその辺にばらまく行為は不法投棄として検挙されることになってしまいます。
リーサ：時折新聞に掲載されるような事件は、悪徳業者がやっているような事案が多く、なんとなくリサイクル製品を色眼鏡で見てしまう人も居ますが、多くのリサイクル業者さんは真面目に取り組んでいます。私のグループ企業でもリサイクル事業をやっていますから。
BUN：そういう真面目なリサイクル事業であっても、リサイクル製品は、最初は「新技術」「新製品」からスタートするものがほとんどです。
そういったパイオニア的事業展開において、「排出が需要に沿った計画的なもの」を求めるのは酷というものでしょう。新製品には最初から需要はなく、需要は開拓するものだからです。
また、「製品としての市場が形成されており」も同様に、それを最初からリサイクル製品に求めるのは酷でしょう。
リーサ：そのとおりですね。うちのグループ企業も開発の時は「特許を取れるか」と悩んでいたし、製品化した後も購入してくれるお客さん捜しで営業の方は苦労していました。そんな状態、時点で「排出が需要に沿った計画的なもの」「製品としての市場が形成されている」を求めるのは酷だと思います。
BUN：次の「占有者の意志」は、これはある意味、逆の意味でして、たいていの悪徳リサイクル業者は「自分が生産している物は有価物だ」と主張します。それをそのまま「そうですか」と重要視するわけには行きません。
リーサ：それもそのとおりでしょうね。最初から「私が投棄している物は廃棄物です」「私は無許可の収集運搬業をやっています」と告白する悪人はいないでしょう。
BUN：こういった理由により、私（BUNさん）は、「排出の状況」「通常の取扱い形態」「占有者の意思」の3つの要因は「5点」という軽い点数配分にしているのです。
話は戻りますが、いくら当初は買い求めた農薬であっても、必要以上に農薬を買いすぎて、余ってしまって雨ざらしに何年間も置かれている、という状況なら、前述の行政処分指針の「排出の状況」と「占有者の意思」の項目でそれぞれ5点が明確に加算され、50点を超えることになり、「総合的に判断して物は廃棄物」と見ることが妥当のように思われます。
リーサ：「何年間も雨ざらし」の状況は、たしかに「需要がないから放置している」からなんでしょうね。それに、言葉では「オレにとってはお宝だ」と主張していても「何年間も雨ざらし」は「要らない」ということを態度で示している、すなわち、「占有者の意志」としても有価物とは思えないですね。

(3)「取引価値の有無」について

BUN：いよいよ、5つの要素の最後「取引価値の有無」ですね。

> **<定説>**
> **行政処分指針から抜粋**
> エ　取引価値の有無
> 　占有者と取引の相手方の間で有償譲渡がなされており、なおかつ客観的に見て当該取引に経済的合理性があること。実際の判断に当たっては、名目を問わず処理料金に相当する金品の受領がないこと、当該譲渡価格が競合する製品や運送費等の諸経費を勘案しても双方にとって営利活動として合理的な額であること、当該有償譲渡の相手方以外の者に対する有償譲渡の実績があること等の確認が必要であること。

＜自説、妄説＞

「取引価値の有無」は、「物の性状」と同じく、BUN式点数加算法では40点を配分してみました。

リーサ：「取引価値の有無」とは端的に表現すれば、「処理料金の徴収の有無」ですよね。金を出して買ってくれる物は有価物。逆に処理料金を払わなければ、持って行ってくれない物が廃棄物ということですよね。これは分かり易い論法ですし、大抵の場合は、これだけで判断しています。

図表・画像48●取引価値の有無

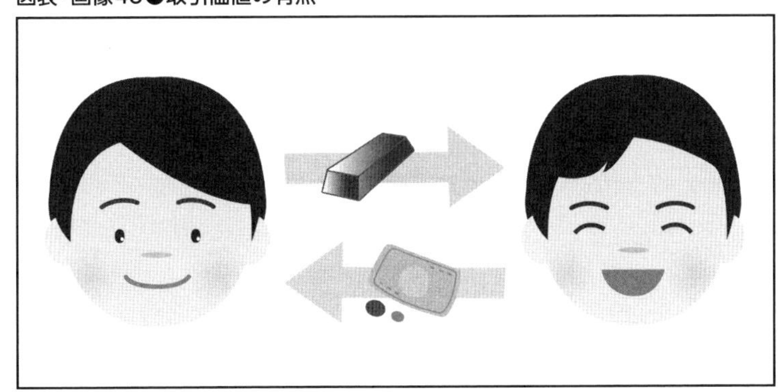

BUN：ごく一部、処理料金に相当する金を受領して無罪になった裁判例（茨城木くず裁判※）はあるものの、当時、環境省もこの判決に反論しており、現時点でも全国のほとんどの自治体（私の知る限り「全て」と言っても過言ではない）では、さすがに「処理料金を徴収する」パターンは、処理業の許可は必要であって、許可を取らずに行為を行えば、法律違反、という見解で臨んでいると思われます。

※（なお、当裁判は、他に加味すべき要因があるのですが、それはまた別の機会に。）

私は、全国のほとんどの自治体のこの運用を、現時点では極めて妥当な判断だと思っています。

リーサ：それは私も同意します。処理料金を徴収するなら「物」は廃棄物だと感じるし、許可は必要です。

BUN：脱法的な裏取引が無いことを前提とすれば、人は「金を出して買ってくる」という判断をするにあたって、必ず「総合的に判断」しているはずだからです。たとえば、まず「自分が要らない物」は金を出して買ってくるはずがありません。特殊な用途や目的がなければ「有害物」を金を出して買ってくるはずがありません。

リーサ：たしかに、農家や家庭菜園をやっている人は農薬を買うでしょうけど、耕す農地もない人が、毒性のある農薬を買うことは無いですね。

BUN：また、世間で物を引き取るときに、金をもらって取引が行われている物を、わざわざ金を出して買ってくるはずがないでしょう。

リーサ：それも当然ですね。「1,000円で買いますよ」と言っているのに「いやいや、500円を支払いますよ」と言う人はこの世知辛い世の中には滅多にいないでしょう。

BUN：100円と言えども、今買ったばかりの物を、その直後に投げ捨てる人はまずいません。ということは、買い取られる「物」であれば、人はその物をぞんざいに扱うことはなく、したがって、不法投棄などは起きない、ということになります。

リーサ：そのような「物」なら、廃棄物処理法という厳しいルールを適用しなくても、さしつかえない、となる訳ですね。

BUN：しかも、「取引価値の有無」、すなわち「金のやりとり」は外見上、極めて「わかりやすい」のです。なので、通常、裏取引がなければ、「人が金を出して買ってくれる物は有価物。逆に、処理料金を払わなければ持って行ってくれない物は廃棄物。」として扱っているのが実情です。そして、これだけでも世の中の9割8分位は支障なく運用されていると思っています。

リーサ：「取引価値の有無」だけで判断出来たら簡単なんですけどね。

BUN：しかし、この「売った。買った。」だけでは解決出来ない「グレーゾーン」が存在します。その典型的な例が「0円取引」です。

リーサ：「タダで引き取りますよ」というパターンですね。「タダで持って行く、という人に預けていいのだろうか?」「タダで持って行く人は許可が要らないのだろうか?」。売った、買ったが伴いませんので、いつも悩まされます。0円取引ではこの「取引価値の有」が不明確になってしまうんですね。

(4)「手元マイナス」

BUN：もう一つ、「売った。買った。」だけでは解決出来ない「グレーゾーン」を紹介しておきます。これは、公式な「通知」にあることですから、＜定説＞としておきます。
それは「手元マイナス」というパターンです。

たとえば、「うちの工場の庭先まで、その物をもって来てくれれば、原料として使えるから30円で買うよ」と言っている工場があるとします。それを聞きつけた別の事業者が、「うちの事業所ではその物は要らないから、では、その工場まで運んで売り渡そう。」と考えて運んだとします。ところが、運ぶのに200円かかってしまいました。すると、たしかに物は30円で売れましたが、排出事業者としては運搬に200円かかりましたから30−200＝−170円となってしまいます。排出事業者の手元がマイナスになってしまうような取引、これをこの業界では「手元マイナス」と呼んでいます。

リーサ：たしかに「手元マイナス」になってしまう「物」は、果たして有価物なのか、廃棄物なのか、売った、買っただけでは簡単には判断が付きませんよね。

BUN：そこで、平成17年の時に環境省は「規制改革通知」の中で、「手元マイナスになってしまうような物は、排出事業者の時点では廃棄物、それを運搬している時点でも廃棄物、買い取ってくれる人の手元に届いて、本当に原料として使用しているのであれば、買い取られて以降は有価物」という、明確な通知を出してくれたのです。

リーサ：分かり易い。「明確」ですね。

図表・画像49●

廃タイヤを原料として、これを破砕・加工し、サンダルを製造している工場がある。
この工場は、自分の「庭先」まで廃タイヤを持ってきてくれれば1本30円で買い取る。
（これはあくまでもBUNさんが想定した「例示」です。）

17年3月規制改革通知　第4「輸送費の取扱い等の明確化」

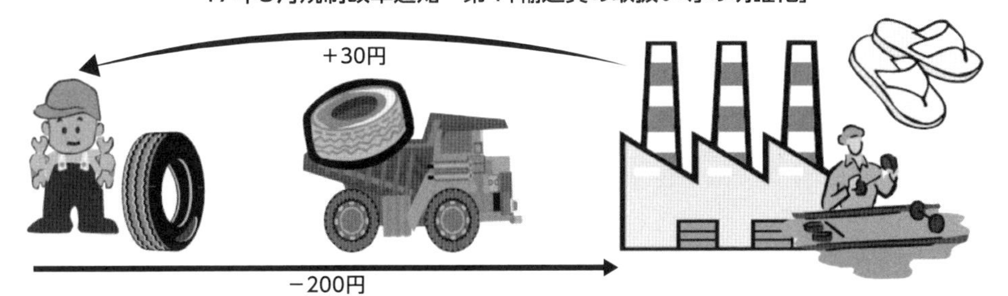

廃タイヤを出す自動車整備場があり、これをサンダル工場に売り渡そうとするが、
そこまでの運送費が1本200円かかってしまう。
つまり、整備場は廃タイヤ1本出す毎に170円のマイナスになってしまう。

17年3月規制改革通知　第4「輸送費の取扱い等の明確化」

廃棄物処理法適用　　廃棄物処理法適用せず

裏取引、脱法的行為が無いことが大前提であるが、本当に買い取ってくれていて、社会的に認められる利用をしているのであれば、そこから以降は廃棄物処理法は適用しない。
しかし、それ以前は廃棄物処理法を適用する。

BUN：ところが、これが8年後に再び「不明確」な状態に陥りました。

平成25年3月29日通知の該当箇所を抜粋して紹介しましょう。

「当該輸送費が売却代金を上回る場合等当該産業廃棄物の引渡しに係る事業全体において引渡し側に経済的損失が生じている場合であっても、少なくとも、再生利用又はエネルギー源として利用するために有償で譲り受ける者が占有者となった時点以降については、廃棄物に該当しないと判断しても差し支えないこと。」

図表・画像50

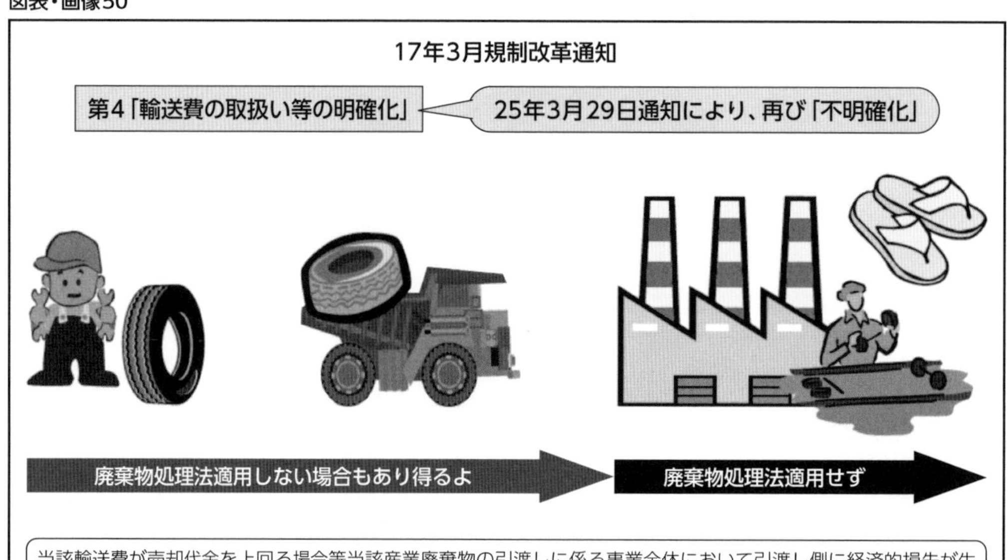

リーサ：理解の難しい文言ですね。

BUN：たしかに、なんとも上手な言い回しです。表面上は「到達した時点以降については、廃棄物に該当しない」としか言っていません。

リーサ：それでは平成17年の通知と全く同じじゃないですか。

BUN：この通知のポイントは、文字に表れていない部分なんですね。すなわち、この通知が到達した以降しか言及していないから、排出事業者の時点、運搬途上については「どちらともとれる」、つまり、ケースバイケースということです。

実際、現在でも、手元マイナスのケースは平成17年の通知に基づいて、「排出事業者の時点では廃棄物」と判断している自治体が圧倒的に多いと思います。手元マイナスでも廃棄物処理法を適用しない、というケースは受け皿がバイオマス発電の認可を受けている等の余程しっかりした事業でなければ認めていないと思います。

ということで、今回は総合判断説の「取引価値の有無」について検討してみました。

「総合判断説」ここまでのまとめ

＜定説＞

「物」が有価物か廃棄物かは総合判断説によって判断される。

総合判断説の要因として「排出の状況」「通常の取扱い形態」「占有者の意思」が挙げられている。

これらの要因の解説としては、行政処分指針の記載や、そもそも定説となった「おから裁判」の判決文などがある。

＜妄説＞

総合判断説の5つの要因は、重さが違うのではないか。

点数制にしたら客観的に公正に判断出来るのではないか。

「物の性状」という要因では、「有害な物」や「悪臭が強い物」などは廃棄物性が重いのではないか。40点位付けてもいいのではないか。

「排出の状況」「通常の取扱い形態」「占有者の意思」の3要素は、重みはあまりないのではないか。5点程度の配点でよいのでは。

＜定説＞

総合判断説の5つの要因の一つとして「取引価値の有無」が挙げられている。

＜自説＞

裏取引さえなければ、「人が金を出して買ってくれる物は有価物。逆に、処理料金を払わなければ持って行ってくれない物は廃棄物。」として扱っている。

しかし、0円取引、手元マイナスは「売った」「買った」だけでは判断が付かない。

＜定説＞

手元マイナスは廃棄物、使用者の手元に届き、原料として買い取られて以降は有価物として扱われるのが一般的。

3-3-4. 再度、「占有者の意志」について考える

リーサ：「物は有価物か廃棄物か」の定説となっているのは、総合判断説ですが、それをあえて点数評価してみようというBUN先生の妄説にお付き合いいただいています。

前回で、一応総合判断説の5つの要素については、取り上げてきましたが、まだ何か必要なお話しがありますか？

BUN：はい、今回は再度「占有者の意志」について取り上げてみたいと思います。

> **＜定説＞**
> **行政処分指針から抜粋**
> オ　占有者の意思
> 客観的要素から社会通念上合理的に認定し得る占有者の意思として、適切に利用し若しくは他人に有償譲渡する意思が認められること、又は放置若しくは処分の意思が認められないこと。したがって、単に占有者において自ら利用し、又は他人に有償で譲渡することができるものであると認識しているか否かは廃棄物に該当するか否かを判断する際の決定的な要素となるものではなく、上記アからエまでの各種判断要素の基準に照らし、適切な利用を行おうとする意思があるとは判断されない場合、又は主として廃棄物の脱法的な処理を目的としたものと判断される場合には、占有者の主張する意思の内容によらず、廃棄物に該当するものと判断されること。

「行政処分指針から抜粋」とはしていますが、「オ　占有者の意思」の箇所については、省略

していません。原文そのままです。

さて、ここで前後の文章はあるものの「判断する際の決定的な要素となるものではなく」、「占有者の主張する意思の内容によらず」と書いています。

すなわち、「オレにとって、この物はお宝よぉ」なんて言葉は聞く耳持たん、と一刀両断で切り捨てているとも言えます。

リーサ：たしかに、不法投棄や不適正な大量保管している人物のところに立入検査に行き、「これは不法投棄だろう」と言ったところ、「なにをおっしゃる。ここに積んである物はオレにとってはお宝よぉ。有価物だよ。だから、不法投棄にはならないだろ。」と言われて、「はい、そうですか」、と引き下がっていたのでは、世の中の不法投棄は無くなりませんね。

BUN：その意味では、「占有者の主張する意思の内容によらず」廃棄物に該当するものと判断することは妥当だと思われます。当然、それは一方的に判断するのではなく「上記アからエまでの各種判断要素の基準に照らし」とありますから、今まで紹介してきた「物の性状」「排出の状況」「通常の取扱い形態」「取引価値の有無」を勘案してのこととなります。

リーサ：少し待ってください。その他の各種判断要素も勘案した上で、「占有者の主張する意思の内容によらず」とまで言うのなら、なにも総合判断説の5つの要素としておく必要は無いのではないか、となりませんか。

BUN：はい、そういったこともあり、「BUNさん点数表」では、この「占有者の意志」は5点しか配点していません。

リーサ：でも、そうなら、どうしてこの一見、意味のなさそうな要素が、5つの要素の1つとして入っているのでしょうか？

BUN：＜定説＞総合判断説が定説となったのは、平成11年に下された最高裁判決があるからとされています。ちなみに、法曹界の人達は「最高裁判決は法律と同等」と考えるんだそうですね。この平成11年3月に最高裁で下された判決を「おから裁判」と呼んでいます。

リーサ：豆腐屋さんから出てくる「おから」が有価物か廃棄物かを争った裁判と言うことで、この業界では有名な裁判ですね。私も耳にしたことはあります。

BUN：この「おから裁判」で「物が有価物か廃棄物かは「物の性状」「排出の状況」「通常の取扱い形態」「取引価値の有無」「占有者の意志」といった5つの要因を総合的に判断して決まるものだ」としているんですね。

この「おから裁判」判決を読んでみると、「占有者の意志」は行政処分指針とは正反対のケースについて述べているようですね。

リーサ：と言うと？

BUN：「オレにとって、お宝よぉ」ではなく、「これは私が出した廃棄物だ。適正に処理しなければならないものなのだ。」という認識がある事案においては、物の廃棄物性は大きくなる、というようなことです。

たとえば、何年か前、愛知県を舞台に某カレー屋さんが製造したカツ（カツカレーの材料になるビーフカツであったとのことですが）が某業者により横流しされ、いくつかの食品卸会社を経由して、スーパーマーケットの店頭に並び、消費者に販売されていたという事件がありました。

リーサ：その事件なら記憶にあります。一般紙の一面も飾った事件でしたね。

BUN：某カレー屋さんがなぜ廃棄したかと言えば、製造過程でプラスチック類が混入したかも知れない、プラスチック類が混入したカツをお客様に食べさせるわけにはいかない、ということで一括廃棄した、ということのようでした。

では、このカツは廃棄物なのでしょうか、有価物なのでしょうか？

リーサ：結果として、スーパーマーケットの店頭に並び、お客様がお金を出して購入してくれた「物」だとしても、大きい声で「有価物です」と言うのは抵抗がありますね。

BUN：そうですね。少なくとも某カレー屋さんが不良業者に委託した時点においては、「これは私が出した廃棄物だ。適正に処理しなければならないものなのだ。」という認識があり、なおかつ、処理料金も支払っていた訳です。ですから、私（BUNさん）は某カレー屋さんが処理を委託した「着手時点」では、物の廃棄物性は非常に大きかった、と判断しています。

ちなみに、なぜ「着手時点」という文言を使用したかですが、実は行政処分の指針の中にこの文言が使われているんです。

<定説>
行政処分指針から抜粋
廃棄物該当性の判断については、法の規制の対象となる行為ごとにその着手時点における客観的状況から判断されたいこと。例えば、産業廃棄物処理業の許可や産業廃棄物処理施設の設置許可の要否においては、当該処理（収集運搬、中間処理、最終処分ごと）に係る行為に着手した時点で廃棄物該当性を判断するものであること。

リーサ：「着手時点」ですか。その視点は全くなかったですね。

BUN：＜自説＞某カレー屋さん事案においても、カツを製造した時点、プラスチック類が混入した（かもしれないとわかった）時点、廃棄しようと決断した時点、処理料金を支払って渡した時点、横流しされた時点、卸業者からスーパーマーケットが購入した時点、スーパーマーケットの店頭に並びお客様が購入する時点、不正が発覚して未処理の食品が大量に腐敗していた時点、こういう時点、時点で微妙に要因が違ってきますね。その時点毎に総合判断説で判断してね、ということなんでしょうね。

リーサ：なるほど。ところでそうなると、「おから裁判」と「行政処分指針」では、特に「占有者の意志」の解説が異なっているようにも感じられますが、……なぜでしょう？

BUN：「行政処分指針」はあくまでも「悪徳業者対応」です。悪徳業者は「これは廃棄物です」とは、正直に言うことはありません。「これはお宝だ」と主張する。だから、「行政処分の指針」では、「そんな言葉を鵜呑みにしちゃダメだよ。他の4つの要因もしっかり見ておいてよ。」とだめ押しをしているものと思っています。

リーサ：「占有者の意志」という要因は、「オレにとって、お宝よぉ」というケースと「これは私が出した廃棄物だ。」というケースでは、その重みが大きく異なってしまうということですか。そんな不安定な要因に決定打を与えるわけにはいきませんね。

BUN：はい、そこで「BUN式点数加算法」では、「オレにとって、お宝よぉ」というケースでは5点、「これは私が出した廃棄物だ。」というケースでは50点、としたいと思います。

リーサ：でも、その点数配分だと「これは私が出した廃棄物だ。」というケースではトータルが100点を超えてしまって、極めて矛盾のある理屈になりませんか。揚げ足を取るようですみません。

BUN：ドキッとするね。「これは私が出した廃棄物だ。」というケースで問題になることは滅多にありませんのでご容赦の程。

「総合判断説「占有者の意志」」のまとめ
＜定説＞
　総合判断説の5つの要因の一つとして「占有者の意志」が挙げられている。
　総合判断説が定説となったのは「おから裁判」が最高裁判決であるから。
＜自説＞
「占有者の意志」は、行政処分指針では、一見、重きをおいていない要因であるが、「これは私が出した廃棄物だ。」というケースでは、非常に重い要因となる。
＜妄説＞
「BUN式点数加算法」では、「オレにとって、お宝よぉ」というケースでは5点、「これは私が出した廃棄物だ。」というケースでは50点、すなわち、排出者が「廃棄物である」と認識しているときは、物の廃棄物性は非常に大きくなる。

3-3-5. 5つの要素プラスα

BUN：次に行政処分指針にプラスαとして記載している箇所を見てみたいと思います。

＜定説＞
行政処分指針から抜粋
中間処理業者が処分後に生じた中間処理産業廃棄物に対して更に処理を行う場合には産業廃棄物処理業の許可を要するところ、中間処理業者が中間処理後の物を自ら利用する場合においては、排出事業者が自ら利用する場合とは異なり、他人に有償譲渡できるものであるか否かを含めて、総合的に廃棄物該当性を判断されたいこと。

BUN：総合判断説は実に扱いが難しいもので、私自身もいつも迷ってしまいます。その一つがこの箇所です。
「物が有価物か廃棄物か」は今まで紹介してきた5つの要因で判断する、となります。ところが、この箇所はその5つの要因プラスαなんですね。それは何かと言うと「行為者」なんです。つまり、排出者自身が行っているリサイクルと処理業者が行っているリサイクルは違う、と言っているのです。
リーサ：でも、これは現実的にはとてもよくわかります。うちの会社のようにいつも真面目に仕事に取り組んでいて実績もある会社と、ぽっと出で挨拶もできないような従業員しか働いていないような会社とでは話が違います。
BUN：この点について、改めて「リサイクル」というものを考えてみましょう。「リサイクル」って何ですか？
リーサ：改めて聞かれると即答に詰まりますね。
BUN：私は「廃棄物で入って、有価物で抜けていく。」「インプットがマイナスで、アウトプットがプラスになる行為。」これが「リサイクル」だと思っています。
　図表・画像51を見て下さい。いくら製品が売れると言っても、そもそもの原料が有価物であれば、それは単なる「加工業」でしょう。また、扱っている物が廃棄物で、アウトプットが廃棄物のままであれば、いくら減量化、安全化、安定化を行っていても、それは単なる「中間処理」でしょう。ですから、「リサイクル」は「インプットが廃棄物」であり、「アウトプットが有価物」というのが最低限の2つの条件になるのです。

図表・画像51

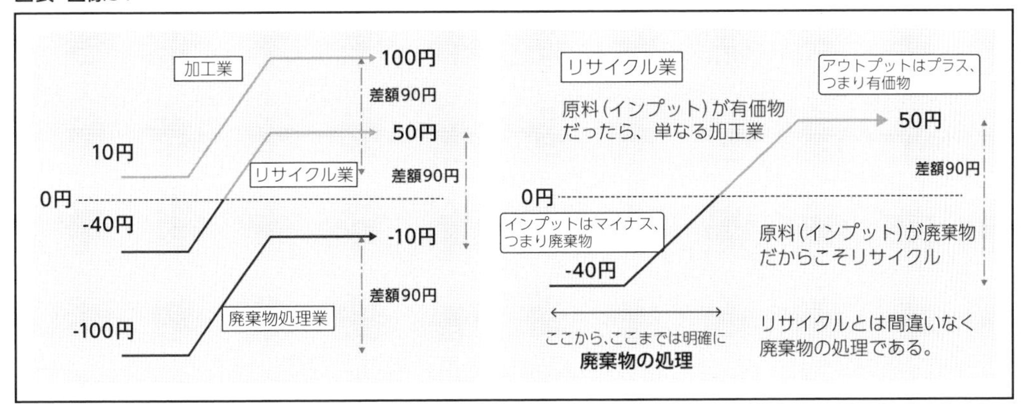

さて、話を戻しまして……

なぜ、行政処分指針では、排出者自身が行っているリサイクルと処理業者が行っているリサイクルは違う、と言っているのか、です。

リーサ：いくつか要因はあると思いますが。

BUN：その一つとして、次のようなことがあると思っています。排出事業者がやるリサイクルは、自分が出す廃棄物だけを原料としてやる訳ですから「量」が限られているんですね。ところが、処理業者がやるリサイクルは「量」の限界はありません。どんどん集めてくればよいのですから。

さらに、排出事業者がやるリサイクルは、インプットでの収入がない（せいぜい処理料金を支払わずに済む）ので、アウトプットで収入がなければ、この事業は成立しません。

リーサ：そうでしょうね。もちろん、世界の環境をよくするために、赤字覚悟でやっている方はいらっしゃいますが、おそらく採算性から言って、長期間の「事業」としては、難しいと思います。

BUN：と、言うことは、排出事業者が継続的にやっている「リサイクル」は、アウトプットが製品として世の中に流通可能な時が多い、ということになります。

すなわち、「量」的にも「質」的にも、大きな問題にはなりにくく、法令で厳しく規制するほどのことはないのではないか、ともなる訳です。

リーサ：なるほど。現実にもそのように感じます。

BUN：先ほどの図で、次に中間処理業者がやる「リサイクル」について考えてみましょう。中間処理業者がやる「リサイクル」の原料は他者の廃棄物ですから、これは当然「処理料金」を徴収してやることになります。と言うことは、インプットで収入が発生するんですね。となると、必ずしもアウトプットで収入がなくとも事業としては成立することになります。

リーサ：そのために、悪徳業者は「リサイクル」と称して、廃棄物をどんどん集めることになるのですね。アウトプットの製品が売れなくとも、インプットで「処理料金」という収入がありますものね。

BUN：加えて、通常の廃棄物処理業であれば中間処理残渣の処分料金が発生するのですが、「リサイクル」の場合は、それを「製品だ」「売れるものだ」と称して、支出を抑えるわけです。

リーサ：たとえば、処理料金100円で木くずを集めてきて焼却したとすれば、燃え殻が中間処理残渣物として発生するので、その燃え殻の埋立料金10円が必要になりますが、その燃え殻

図表・画像51の一部再掲

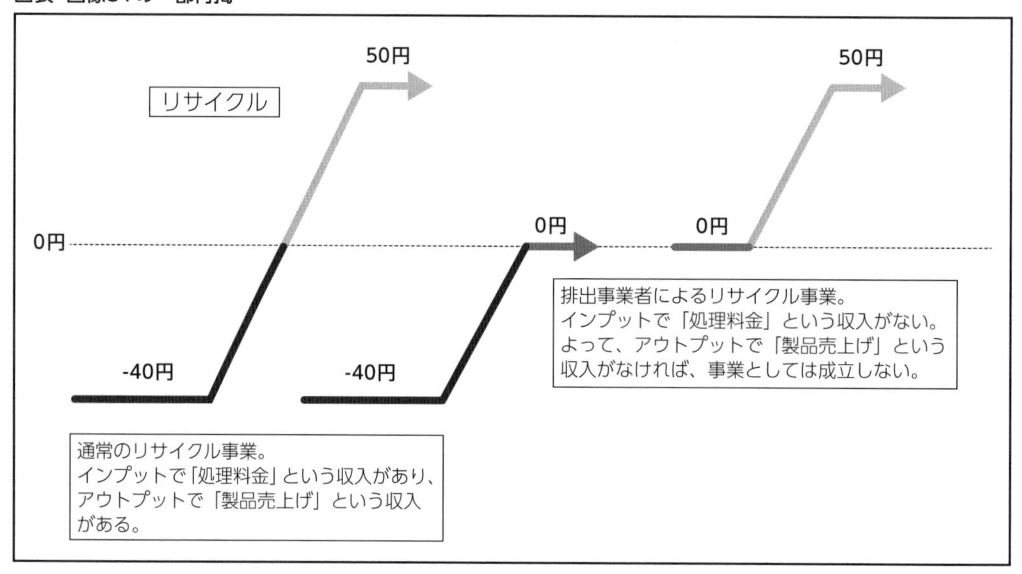

を「土壌改良材だ」と称して、5円で売り払ってしまうようなことですね。

BUN：でも、そんな出来の悪い「製品」は売れるはずがないので、「在庫の山」となってしまう。これでおわかりいただけると思うのですが、中間処理業者がやる「リサイクル」は、インプットで収入があるがために、アウトプットで収入がなくとも事業として成立してしまう訳です。

リーサ：なるほど。だから、行政処分指針では「他人に有償譲渡できるものであるか否かを含めて、総合的に廃棄物該当性を判断されたいこと」とだめ押ししている訳ですね。

BUN：私が経験した事例をいくつか挙げておきます。なお、同じような行為でも、ちゃんと真面目にやっている業者さんの方が圧倒的に多いので、そこは誤解しないで下さい。あくまでも、悪徳業者の事例です。

動植物性残渣を発酵させて堆肥を製造する。最初はなんとか売りさばいていたようなのですが、一旦売れなくなると、製品の売上金が入らないものですから、事業を継続するために、搬入量を増やして処理料金でカバーしようとする。発酵能力以上に動植物性残渣を受け入れたために、異常発酵してしまいアウトプットはますます品質の悪い物になってしまう。こんな物が売れるはずが無く、ますます在庫の山になる。経営はますます悪化するので、受入量を多くする。そのうち、在庫の山をどうしようもなくなり、「オレの田圃で全部使う」と称して、自分の土地に堆肥(と称する異常発酵した汚泥)として全部施肥(と称する不法投棄)してしまった。

リーサ：全国どこにでもあるような、「よく聞く」事例ですね。

BUN：もう一つ、ご紹介しましょう。

解体木くずを焼却し、その焼却灰でブロック製品を製造する、というリサイクル計画でした。ところが、木くずの選別が悪く、釘や蝶番(ちょうつがい)、等の鉄くずが混入したまま焼却炉に投入していました。当然、燃え殻、灰にも鉄くずが入り込みます。大きな物は取り除いたのかもしれませんが、細かい物はそのままで、コンクリートブロックを作っていました。すると、数ヶ月、数年するとコンクリートブロックが部分的に膨らんできて、そのうちパカパカ、パカパカ剥げ落ちてくるんですね。コンクリートの中で鉄くずが錆びてきて、膨潤するのです。これを土木業界ではポップアップ現象と呼ぶようです。当然こんな製品は売れるわけがありません。そこで何をやり出したかと言うと、自分の敷地境界に塀を作り始めたのです。山の中の誰も境界線など意識しない場所に､万里の長城のようなブロック塀を築きだしたのです。これは、当然、やり場に困って自分の敷地に不法投棄したってことですね。

リーサ：山奥の万里の長城ですか。怖い物見たさで一度見て見たい気もしますが……。

BUN：こんな事案が全国的にも相次いだことから、行政処分指針では「中間処理業者が……物を自ら利用する場合においては、……、他人に有償譲渡できるものであるか否かを含めて、総合的に廃棄物該当性を判断されたいこと。」という一文になったのでしょうね。

リーサ：多くの第三者にも売れている状態であれば、これは「おそらくは」有価物であろう、となりますね。この販売実績を確認しておけ、ということですね。

BUN：と言うことはですよ、総合判断説は6番目の要素があるってことです。それは「その行為を行っている人物」。その人物が信頼の置ける実績のある人物であれば、「物は有価物」。実績も無く信頼おけない悪徳業者が行っているのであれば、「物は廃棄物」。

念のため書いておきますが､廃棄物を扱っている人物が悪徳業者ってことではありませんよ。同じ「物」であっても、良心的な人物がやっているリサイクルならアウトプットは製品として認知される。しかし、信頼の置けない人物がやっているアウトプットは製品・有価物として信用性は薄いということです。

リーサ：このことは、最初に私が主張したことなので強く共感します。

BUN：このようなことから、「BUN式点数加算法」も「5つの要因+その他」で採点していますが、この「その他」としては、「行為者」を入れておきたいです。

加算式で50点を超えたら廃棄物性は強くなるって方式なので、実績のある人物なら5点、信頼の置けない人物なら45点位でどうだろうか。

リーサ：信頼の置けない人物がやっているなら、他の要因で少しでも廃棄物性が加点されたら、廃棄物と判断するということですね。私にとっては、今までの要因の中で一番納得出来る理屈かもしれません。

「総合判断説「5つの要素プラスα」」のまとめ

＜定説＞

行政処分指針では排出事業者が行うリサイクルと処理業者のリサイクルでは扱いを変えている。

＜自説＞

それは「質」「量」ともに違ってくることと、インプットでの収支が違う事によるのが大きい。リサイクル製品が売れないと無理なことをしがち。

＜妄説＞

総合判断説の6番目の要因、それは「人物」。

3-3-6. BUN式点数加算法

リーサ：総合判断説について復習をさせてください。

「物」が有価物か廃棄物かは「いろんな要因について総合的に判断する」という「総合判断説」が＜定説＞になっています。

しかし、「総合的に判断する」ということは判断する人によって、結論が違ってくる場合もあり、なかなか難しい。

そこで、点数評価できないか、ということでしたね。では、続きを先生、お願いします。
BUN：定説となっている総合判断説における6項目の重みについて、BUNさんは「同じではない」「均等ではない」と感じています。
ここで改めて、BUNさんが感じている比重、点数配分について再掲させていただきます。

「物の性状」…………………40点
「排出の状況」……………… 5点
「通常の取扱い形態」……… 5点
「取引価値の有無」 …… 40点
「占有者の意思」…………… 5点
「その他」…………………… 5点

以上、100点満点として50点を超えるようなら、廃棄物該当性が極めて高くなる、という感じで捉えています。(仮称「BUN式点数加算法」)
リーサ：この重み付けについて、ここまで細かく述べてきた訳ですね。理屈はある程度共感しているのですが、現実的にはマッチするのでしょうか？
BUN：それでは、具体的に「物」に当てはめて見ましょう。
以前にも例に挙げましたが、まず、薬局の商品棚に陳列されている「農薬」について採点してみましょう。

「物の性状」…………………………………… 農薬は有害性がありますから満点の 40／40点
「排出の状況」………………………………… 需要に合わせて販売している訳なので 0／5点
「通常の取扱い形態」……………………………… 一般的に販売されている訳なので 0／5点
「取引価値の有無」……………………………………… 金銭で売買されているので 0／40点
「占有者の意思」……………………………… 渡し側、受け手側ともに有価物という認識 0／5点
「その他」…………………………………………………… 特段考慮すべき事項無し 0／5点
合計点 40点＜50点、よって、廃棄物性は無い（薄い）となります。

では、この農薬を購入した家庭菜園をやっていた人が、使用後、余ってしまって、数年間取っておいたが、家庭菜園をやめてしまったとしましょう。わかりやすいように、極端にしますね。
開封され、数年経過したために、粉状だったものが、ベタベタしてしまった。そのため、引き取り手もない農薬。これについて採点してみましょう。

「物の性状」…………………………………… 農薬は有害性がありますから満点の 40／40点
「排出の状況」………………………………………… 引き取り手がない。需要がない 5／5点
「通常の取扱い形態」……………………………… 販売されているような状態ではない 5／5点
「取引価値の有無」………………………… 金銭で売買されるような状態ではない 40／40点
「占有者の意思」………………………………………… 所有者も処分したいという認識 5／5点
「その他」…………………………………………………… 特段考慮すべき事項無し 0／5点
合計点 95点＞50点、よって、廃棄物性は極めて大きいとなります。

図表・画像52●不法投棄された解体木くず

リーサ：なんとなく誤魔化されたような、理屈に合うような。もっと例示してみて下さい。

BUN：では、小屋を解体して出てきた「解体木くず」を、そのまま敷地に山積みにしている状態を採点してみましょう。もう、数週間そのような状態にあり、近所から苦情が出ているが、行為者は「これは薪（たきぎ）であり、自分の薪ストーブの燃料だ」と主張している状態の「解体木くず」です。

1.「物の性状」　薪であるなら、薪としての性状が求められる。通常、薪は太さが3～5cm程度。長さは30～50cm、釘などは刺さっておらず、乾燥している、といったことが「物の性状」として求められるだろう。しかし、解体直後の「解体木くず」は、「たきぎ」としては、長すぎ、太すぎる。湿気っている。釘が刺さっている。　40／40点
2.「排出の状況」　家屋の解体に伴って排出される状況であり、たきぎの需要に応じたものではない。　5／5点
3.「通常の取扱い形態」　解体直後の木くずは、廃棄物として取り扱われている例がほとんどであり、実際にこの状態で他の第三者により広く売買がなされている状況にない。5／5点
4.「取引価値の有無」解体直後の状態で、買い取られる状況ではなく、処理料金を支払って、持って行ってもらっている。　40／40点
5.「占有者の意思」　占有者の表だっての主張としては、「お宝」と主張している。真実は不明であるが、この点については、廃棄物性は小さいと判断される。　0／5点
6.「その他」　主張している当事者自身すら「たきぎ」として使用、活用している状況にない。5／5点
　合計点　95点＞50点、よって、廃棄物性は極めて大きいとなります。

リーサ：5.「占有者の意思」については、口では「お宝だ」と主張していても、行為としては、ブルーシートも掛けず、地面に直接置いているという状況からは「おまえ、大切な物だとは思っていないだろう」となり、「態度から占有者の意志を判断する」となれば、100点となりますね。これは誰が判断しても「廃棄物だろう」となると思います。

BUN：今回はわかりやすいように、極端な事例で採点してみましたが、皆さんの周りにある

図表・画像53●総合判断説比較検討表

要素	行政処分の指針（H17.8.12）	建設汚泥処理物の廃棄物該当性の判断指針について（H17.7.25）
物の性状	・利用用途に要求される品質を満足し、かつ飛散、流出、悪臭の発生等の生活環境保全上の支障が発生するおそれがないものであること。 ・実際の判断にあたっては、生活環境保全に係る関連基準（例えば土壌の汚染に係る環境基準等）を満足すること、その性状についてJIS規格等の一般に認められている客観的な基準が存在する場合は、これに適合していること、十分な品質管理がなされていること等の確認が必要であること。	・当該建設汚泥処理物が再生利用の用途に要求される品質を満たし、かつ飛散・流出、悪臭の発生などの生活環境の保全上の支障が生ずるおそれのないものであること。 ・当該建設汚泥処理物がこの基準を満たさない場合には、通常このことのみをもって廃棄物に該当するものと解して差し支えない。 ・実際の判断に当たっては、当該建設汚泥処理物の品質及び再生利用の実績に基づき、当該建設汚泥処理物が土壌の汚染に係る環境基準「建設汚泥再生利用技術基準（案）（平成11年3月29日付け建設省技調発第71号建設大臣官房技術調査室長通達）に示される用途別の品質及び仕様書等で規定された要求品質に適合していること、このような品質を安定的かつ継続的に満足するために必要な処理技術が採用され、かつ処理工程の管理がなされていること等を確認する必要がある。
通常の取扱い形態	・排出が需要に沿った計画的なものであり、排出前や排出時に適切な保管や品質管理がなされていること	・当該建設汚泥処理物の搬出が、適正な再生利用のための需要に沿った計画的なものであること。 ・実際の判断に当たっては、搬出記録と設計図書の記載が整合していること、搬出前の保管が適正に行われていること、搬出に際し品質検査が定期的に行われ、かつその検査結果が上記一の「物の性状」において要求される品質に適合していること、又は搬出の際の品質管理体制が確保されていること等を確認する必要がある。
通常の取扱い形態	・製品としての市場が形成されており、廃棄物として処理されている事例が通常は認められないこと。	・当該建設汚泥処理物について建設資材としての市場が形成されていること。 ・なお、現状において、建設汚泥処理物は、特別な処理や加工を行った場合を除き、通常の脱水、乾燥、固化等の処理を行っただけでは、一般的に競合材料である土砂に対して市場における競争力がないこと等から建設資材としての広範な需要が認められる状況にはない。 ・実際の判断に当たっては建設資材としての市場が一般に認められる利用方法※2以外の場合にあっては、下記四の「取引価値の有無」の観点から当該利用方法に特段の合理性があることを確認する必要がある。 ※2 建設資材としての市場が一般に認められる建設汚泥処理物の利用方法の例 ・焼成処理や高度安定処理した上で、強度の高い礫状・粒状の固形物を粒径調整しドレーン材として用いる場合 ・焼成処理や高度安定処理した上で、強度の高い礫状・粒状の固形物を粒径調整し路盤材として利用する場合 ・スラリー化安定処理した上で、流動化処理工法等に用いる場合 ・焼成処理した上で、レンガやブロック等に加工し造園等に用いる場合
取引価値の有無	・占有者と取引の相手方の間で有償譲渡がなされており、なおかつ客観的に見て当該取引に経済的合理性があること。実際の判断にあたっては、名目を問わず処理料金に相当する金品の受領がないこと、当該譲渡価格が競合する製品や運送費等の諸経費を勘案しても双方にとって営利活動として合理的な額であること、当該有償譲渡の相手方以外の者に対する有償譲渡の実績があること等の確認が必要であること。	・当該建設汚泥処理物が当事者間で有償譲渡されており、当該取引に客観的合理性があること。 ・実際の判断に当たっては、有償譲渡契約や特定の有償譲渡の事実をもってただちに有価物であると判断するのではなく、名目を問わず処理料金に相当する金品の受領がないこと、当該譲渡価格が競合する資材の価格や運送費等の諸経費を勘案しても営利活動として合理的な額であること、当該有償譲渡の相手方以外の者に対する有償譲渡の実績があること等の確認が必要である。 ・また、建設資材として利用する工事に係る計画について、工事の発注者又は施工者から示される設計図書、確認書等により確認するとともに、当該工事が遵守あるいは準拠しようとする、又は遵守あるいは準拠したとされる施工指針や共通仕様書等から、当該建設汚泥処理物の品質、数量等が当該工事の仕様に適合したものであり、かつ構造的に安定した工事が実施される、又は実施されたことを確認することも必要である。
占有者の意思	・客観的要素から社会通念上合理的に認定し得る占有者の意思として、適切に利用し若しくは他者に有償譲渡する意思が認められること、又は放置若しくは処分の意思が認められないこと。 ・したがって、単に占有者において自ら利用し、又は他人に有償で譲渡できるものであると認識しているか否かは廃棄物に該当するか否かを判断する際の決定的な要素となるものではなく、上記アからエまでの各種判断要素の基準に照らし、適切な利用を行おうとする意思があるとは判断されない場合、又は主として廃棄物の脱法的な処理を目的としたものと判断される場合には、占有者の主張する意思の内容によらず、廃棄物に該当するものと判断される。	・占有者において自ら利用し、又は他人に有償で譲渡しようとする、客観的要素からみて社会通念上合理的に認定し得る占有者の意思があること。したがって、占有者において自ら利用し、又は他人に有償で譲渡できるものであると認識しているか否かは、廃棄物に該当するか否かを判断する際の決定的な要素になるものではない。 ・実際の判断に当たっては、上記一から四までの各有価物判断要素の基準に照らし、適正な再生利用を行おうとする客観的な意思があるとは判断されない、又は主に廃棄物の脱法的な処分を目的としたものと判断される場合には、占有者の主張する意思の内容によらず廃棄物に該当するものと判断される。

その他	▪有償譲渡実績や契約は一つの簡便な基準に過ぎず、廃プラ、がれき類、木くず、廃タイヤ、廃パチンコ台、堆肥、建設汚泥処理物等必ずしも市場の形成が明らかでない物は、恣意的に有償譲渡を装う場合等も見られることから、各種判断基準により総合的に判断 ▪自ら利用の場合は、他人への有償譲渡の実績を求めるものではなく、通常の取扱い、個別の用途に対する利用価値並びに上記ウ及びエ以外の各種判断要素の基準に照らし判断 ▪中間処理業者等の自ら利用は、他人に有償譲渡できるものであるか否かを判断する。	▪自ら利用の場合は、他人への有償譲渡の実績までは求めない。 ▪中間処理業者の自ら利用は、他人に有償譲渡できるものであることが必要。

※「行政処分の指針」についてはこの後も数回の改訂があり、直近改訂は令和3年4月。建設汚泥については、令和2年7月20日付けで「建設汚泥処理物等の有価物該当性に関する取扱いについて（通知）」が発出されている。
これらの改正通知等は、基本的には今回のテーマに影響するものではないこと、「廃棄物該当性」について初めて取り上げたのが平成17年であったこと、同時期に建設汚泥処理物について同様の視点から通知がなされた事等を勘案して、平成17年の通知により紹介しているものである。なお、実務にかかわる方は直近の通知も参照しておくことをお薦めしておく。

ような事例でも、おそらくそんなに迷うことなく採点ができるのではないかと思います。

今回合わせて紹介するのは、広島県庁職員で環境省の産廃アカデミーで私と一緒に講師も務められた岡田さんが作成した「総合判断説比較検討表」です。これは、行政処分指針の表現と、同じ時期に発出された建設汚泥の判断通知を対比したものです。

行政処分指針の表現は、世の中のたいていのものに適用出来るようにと、抽象的な表現になっているところもあります。そこで、それではたとえば建設汚泥のリサイクル品について、これを当てはめて見たらどうなるか、ということで一覧表にしたものです。

皆さんの周りにある「有価物か？ 廃棄物か？」紛らわしい物があったら、この比較表で整理してみて下さい。

リーサ：これは便利な表ですね。文章だけでズラズラと論じられても実感出来ませんが、こういう表の形で示されると、「これはやっぱり廃棄物だろうな」とか、「これなら有価物として通用するんじゃないかな」と感覚的にも理解しやすいです。

BUN：「総合判断説なんて判断する人物で結論が変わってしまうじゃないか」と思われている皆さん、一度、この表に挑戦してみて下さい。その際、一人でやるのではなく、自分と廃棄物処理法をある程度知っている別の担当者、そして課長補佐あたりの方をつかまえて3人でやってみてください。社会常識を持っている3人であれば、不思議と結果は同じになるものです。

リーサ：「総合判断説」もこれで一応終了となります。皆さんはBUNさんの＜自説＞＜妄説＞に賛同なさいましたか？ それとも「それはあまりにも独りよがりなのでは」と感じましたか。「定説」は信じてもかまいませんが、＜自説＞＜妄説＞はあくまでもBUNさん理論ですから、もし、現実問題に直面した方はお近くの行政窓口で相談してみて下さいね。

「総合判断説」その6のまとめ

＜定説＞

「有価物か？ 廃棄物か？」紛らわしい物があったら、総合判断説で判断。

＜自説＞

総合判断説は客観性が無く、判断する人により結論が変わってくる。そこで、「BUN式点数加算法」を提案。

＜妄説＞

これで総合判断説はこわくない。使いこなせるぜ (^_^) b

3-4 建っている間は廃棄物処理法を適用しない

BUN：今回は「建っている間は廃棄物処理法を適用しない」ということを考えてみたいと思います。

リーサ：「立ってる者は親でも使え」という諺は耳にしたことがありますが、「建っている間は廃棄物処理法を適用しない」ですか？ なんか、わかったような、わからないようなテーマですが、どういったことでしょう？

3-4-1. 解体する建物の排出者は？

BUN：リーサなら、即答だと思うのですが、「ビルの解体工事から排出されるがれき類や木くず」の排出者は誰ですか？

リーサ：それは「工事の元請業者」ですね。(^-^)

BUN：そう、正解。建設系廃棄物の排出者は「工事の元請業者」。

　このことは、私が知る限りは昭和57年2月に通知された「建設廃棄物の処理の手引き」以降、旧厚生省時代から連綿と続く考え方です。

図表・画像54●元請下請の関係

ただし、途中で「区分一括発注の場合は下請も排出者となる」という時代もありましたが、平成22年改正により、第21条の3という条文を制定し、法律上も「建設工事に伴って排出される廃棄物の排出者は元請業者」であると規定しています。

でも、一度改めて考えてみて下さい。新築や改築ならまだしも、解体工事であれば、建築物を解体する前から、その建物の所有者（この人がたいていの場合、解体工事の発注者となる訳ですが）は、「この建物要らないよ」と考えていると思いませんか。

要るのだったら、壊しませんよね。要らないから壊すわけです。で、あるならば、その建物は廃棄物であり、その廃棄物の排出者は、建物の所有者ということになりませんか。

リーサ：言われてみれば、そのとおりですね。「要らないから壊す」。では、その古い建物自体が廃棄物で、それを「要らない、不要だ」と認識している建物の所有者こそ、廃棄物の排出者ということの方が理にかなっていると思います。

BUN：そうなると、その「建物を解体する行為は、廃棄物の中間処理」となりますよね。そうすると、他人の建物を解体する工事をする人物は中間処理業の許可が必要、となってしまいます。

リーサ：うーん、理屈的には合ってる気がする。でも、建築物の解体工事業者は解体工事のために、廃棄物処理法の中間処理業の許可など取ってませんよね。

3-4-2. 一般住宅の解体で出てくる物は一般廃棄物？

BUN：理屈が合わないことに共感していただきありがとう（^o^）。では、さらに理屈上、もっと大変なこととして、一般国民が住んでいるいわゆる「一般住宅」は一般廃棄物ということになってしまいますよね。

リーサ：一般住宅に住んでいたのは一般人。その人物が「この建物は要らない」と思うからこそ、解体を依頼する。この行為には「事業活動」は伴っていない。廃棄物処理法第2条第4項の産業廃棄物の定義には「事業活動に伴って生じた」という形容詞が付く。よって、事業活動が伴わずに発生する産業廃棄物はあり得ない。となると、第2条第2項の「一般廃棄物とは産業廃棄物以外の廃棄物をいう」という規定により、これは一般廃棄物ということになるってことですか?。

BUN：ここまでを整理すると次のようになるね。

一般住宅が建っている時点で、その住人である一般国民が、「もう、この家、建て替えよう。古くなった家は要らないから壊して頂戴。」となると、解体する前にその古い家は一般廃棄物。したがって、その家屋を解体する人物は一般廃棄物の中間処理業の許可が必要、となる。

さらに問題なのは、このシリーズの3-1でやりました「オリジン説」です。「一般廃棄物を処理して発生する残渣物は一般廃棄物」でしたね。

と言うことは、一般家屋を解体して発生する廃棄物は、一般廃棄物となってしまい、市町村に統括的責任がある、となってしまいます。

まぁ、分かり易く言えば、市町村のクリーンセンターで受けてやる義務が生じるということですね。

リーサ：それはおおごとですね。家一軒解体して出てくる廃棄物の量は半端じゃありません。それが全部市町村のクリーンセンターに搬入されたら、市町村の焼却炉や最終処分場はパンクしてしまいます。

BUN：そういった要因もあり、一般家屋を含めて、建築物の解体工事から排出する廃棄物は産業廃棄物である、としなければならなかったのでしょうね。

3-4-3. 建設系廃棄物を産業廃棄物にする手法

BUN：さて、ここからが議論のあるところです。

「産業廃棄物である」とする手法はいくつかあります。

まず、一番分かり易いのは、「家屋解体で発生する廃棄物は産業廃棄物とする」と規定してしまうことです。

リーサ：この手法は直接的で分かり易いですね。でも、この手法は採らずに現実は第21条の3第1項で、「排出者は元請とする」と規定した訳ですよね。

「排出者は元請とする」と「行為者」で規定するより、「建設工事で発生する廃棄物は産業廃棄物とする」として「物」を規定した方が直接的ですよね。どうして、この手法を採らなかったのですか？

BUN：一つは「歴史的経緯」があると思います。

リーサ：どういうことですか？

BUN：昔、昔、縄文時代からでもいいのですが、昭和40年代までは家屋を解体しても、廃棄物はあまり出なかったのです。

ビックリなさる方もいるかもしれませんが、田舎の風景を思い浮かべて下さい。現在でも、明治、大正、江戸時代の建物、さらにその残骸なんてほとんど無いでしょ。

リーサ：言われてみればそうですね。不法投棄の映像もコンクリートやアスファルト、トタン板や合板、廃プラスチック類、家電製品は目に付くけど、藁葺き屋根の藁の不法投棄なんて見たことないですね。

BUN：昔の日本の庶民の家は藁葺き、茅葺き屋根の木造家屋だったのです。プラスチックや石膏ボード、合板類など使っていない。しかも、みんな貧乏でしたから家の建て替えなんて、何十年、何百年に一度位しかやらない。木材は貴重品。使える物は解体した建物から流用する。さらに、木材や茅は貴重な燃料なんです。廃棄物にならないんです。だから、解体から発生する廃棄物なんてほとんどない。

図表・画像55●藁葺き屋根と近代家屋

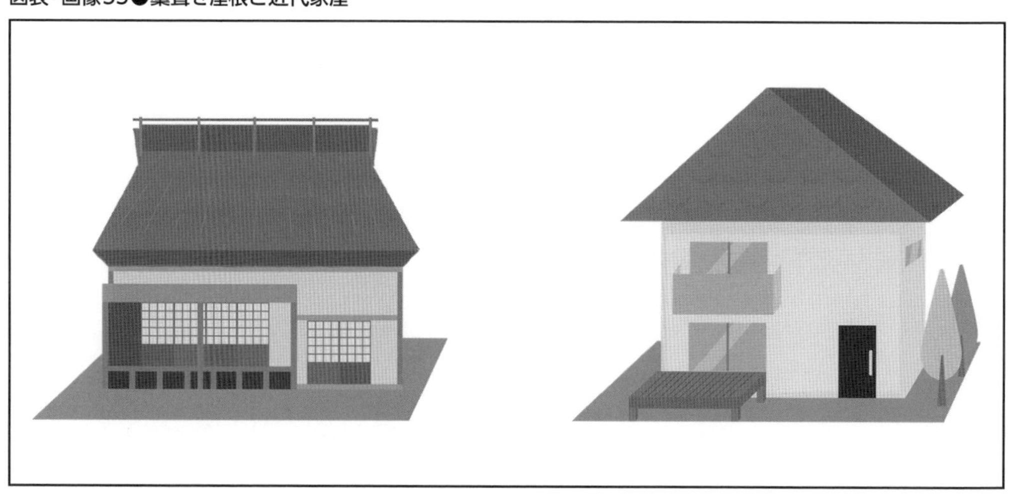

リーサ：その程度なら当時の市町村でも、面倒見てあげてもかまわないということだったんでしょうね。

BUN：ところが、昭和40年代になり、戦後間もなく建てられた住宅が建て替え時期に入った。しかも、建材としてはプラスチックや石膏ボードとかも多くて、大量の廃棄物が市町村に持ち込まれるようになった。
　そこで、「解体から出てくる廃棄物は産業廃棄物として欲しい」ということになったようなんですね。
　ちなみに、建設系廃棄物の制度の変遷を概略書いておくと……
　昭和45年の廃棄物処理法スタート時でも、廃プラスチック類や金属くずは産業廃棄物。
　昭和58年、解体木くずを産業廃棄物に。
　それ以降、五月雨的に平成9年までに、解体だけでなく、新築、改築時の木くずも、さらに木くずだけでなく、建設系の紙くずや繊維くずも産業廃棄物として追加してきています。このような経緯もあり、最初からまとめて「家屋解体で発生する廃棄物は産業廃棄物とする」と規定することは避けたのかもしれません。
リーサ：なるほど。一律、一気に「建設系廃棄物は産業廃棄物」とは決めにくかったということですか？
BUN：もう一つの要因は、公共工事の取り扱いかな、とも思います。
リーサ：それはどういうことですか？
BUN：公共工事の場合、解体工事から排出する際の元々の所有者、管理者は国、県、市町村です。そうなると、発注者が排出者としての責任を果たさなければならなくなる。
リーサ：現在では発注者は排出者ではないとしても、それなりの責任を果たすことは当然ですが。
BUN：今は「コンプライアンス」の世の中になってきたからね。でも、本音としては、発注者は、工事全体を建設業者に任せた限りは、あとは「そちらで上手くやってよ」と業務を軽くしたい。
　だから、一般家屋の解体工事だけを例外的に規定するのではなく、もっと、上のレベルで包括的な制度にして欲しい、と考えたのかもしれませんね。
リーサ：そこで「物」で規定するのではなく、「行為」で規定しておく方が応用が利くということですか？
BUN：話を戻しまして、一般家屋の解体材を産業廃棄物にする二つ目の手法。それは「排出時点」をすり替えることです。これをやることにより、「排出者」もすり替えることが可能になります。
リーサ：どういうことですか？
BUN：「一般国民が事業活動を伴わずに発生させるから一般廃棄物」となってしまう訳です。そこで、「建っているうちは廃棄物が発生していない。」「解体工事をやるから廃棄物が発生する」という論法です。
　この論法を用いれば、「では、その解体工事を行っている人物は誰か。」それは解体業者であり、その工事について対外的に責任を持てるのは「元請業者」である。となる訳ですね。
リーサ：現実に採用されている論法がこれですよね。
BUN：ですから、「建っている間は廃棄物処理法を適用しない」となり、よって、建物を解体する行為は、「廃棄物を発生させる」行為であり、「中間処理ではない」。よって、中間処理業の許可も不要であるし、排出者は解体業者（元請）であるから、解体工事から発生した廃棄物を運搬する行為は「自社運搬」にあたり許可は不要、という論法で整理したのでしょうね。
　この「『排出時点』、『排出者』をすり替える」については、次回、もう少し考えてみましょう。

「建っている間は廃棄物処理法を適用しない」のまとめ

<定説>

建設系廃棄物の排出者は建設工事の元請業者である。

(廃棄物処理法第21条の3第1項)

<自説>

しかし、解体する時点で、元々の所有者は「この建物は要らない」というのであれば、建物が廃棄物であり、排出者は元々の所有者ではないのか。

<妄説>

解体廃棄物については、「解体工事」という事業を行うから廃棄物が発生する、と捉える。そうすることにより、排出者を解体業者にすることが可能になり、産業廃棄物の処理ルートに乗せることができる。

図表・画像56●建っているうちは適用外

3-5 「排出時点」「排出者」がすり替わる

3-5-1.「排出者」とは

リーサ：前回は「建っている間は廃棄物処理法を適用しない」ということを考えてみた訳ですが、今回はその延長と言っていいのでしょうか。先生、続けて下さい。

BUN：はい、「建っている間は廃棄物処理法を適用しない」という理論展開の際に「『排出時点』、『排出者』をすり替える」という論法が登場しました。今回は、この「排出時点」、「排出者」について考えてみたいと思います。

廃棄物処理法の条文には政省令も含んで「排出者」という文言は登場しません。「事業者」という文言は度々登場し、多くの場合は「事業者」＝「排出者」と考えてもよいのですが、第3条、第4条の2等に登場する「事業者」は「生産者」「販売者」といった意味合いも含めて広い意味で使用しています。よって、条文上は「事業者」＝「排出者」とは言い切れません。

リーサ：よく、理念的には「排出者責任」と言われていますが、「じゃ、誰が排出者なのか」という判断に迷う事案も出てきますよね。

BUN：そうですね。たとえば、「昔不法投棄された廃棄物が掘削工事を行ったら出てきてしまった」とか、「所有権はAにあったが、Bに貸している間に壊れてしまった」と言った事案です。

前述の通り法令の条文で規定しているのは前回取り上げた建設系廃棄物について、第21条の3第1項で「建設系廃棄物の事業者は元請業者である」旨規定しているだけですから、建設系以外の廃棄物の排出者については、「条文では規定していない」となります。

リーサ：では、私たちは何を根拠に判断していけばいいのでしょうか？

BUN：一般的には、某裁判の判決の趣旨を踏まえて「排出者とは一塊、一括の仕事を支配管理できる存在」とされています。

リーサ：その「某裁判」というのは、どのような裁判だったのですか。

BUN：平成の初め頃に、旧厚生省を相手に千葉県の建設業者であるF社さんが起こした裁判で、この業界でも当時の事情を知る人の間では「F裁判」として有名です。

当時はまだ法律第21条の3が制定される前なのですが、通知により「建設系廃棄物の排出者は元請業者である。したがって、元請業者が自分で運搬する時は許可が不要（自社処理）であるが、下請が運搬する時は他者の廃棄物を運搬することになるので許可が必要」として運用されていました。

F社さんは、「いや、下請でも排出者となり、したがって自社処理となって、許可が不要となるケースもあるはずだ」として裁判を起こしたんですね。

リーサ：特段の大きな不法投棄事件などがあって起こされた裁判ではなかったのですか。で、その結果は？

BUN：地裁では旧厚生省が勝ったのですが、高裁に控訴され、その裁判では旧厚生省が負けて、F社さんが勝ったんですね。その時の東京高裁の判決文が、「廃棄物の排出者は誰か」を一番言い表していると言われています。

本当は、前に紹介した「おから裁判」のように最高裁判決なら、「法律同等」と堂々と「定説」と言えるのかもしれませんが、この「F裁判」は高裁判決で旧厚生省は控訴を断念したのです。なので、ここで結審。

でも、これ以上の適当な根拠が無いものですから、これが一応「定説」となっています。

リーサ：では、その判決文を紹介して下さい。

BUN：「産業廃棄物がある事業者の事業活動に伴って排出されたものと評価できるかどうかは、結局、当該事業者が当該廃棄物を排出した主体とみることができるかどうか、換言すれば、その事業者が当該産業廃棄物を排出する仕事を支配、管理しているということができるかどうかの問題に帰着する」とされている。

つまり、廃棄物を排出する仕事（事業）を支配・管理している主体が排出事業者になるとされており、この考え方は、廃棄物を排出する事業を支配している者が一番発生抑制、分別等を行い易いことから、循環型社会形成の上でも妥当なものと考えられる。

リーサ：長いですね。長すぎますよ。「誰が排出者ですか？」と聞かれる度に、この文章を読み上げなければならないのは大変すぎます。

BUN：そこで、通常は、この判決文の趣旨から「排出者とは一塊、一括の仕事を支配管理できる存在」それが排出者である、とお伝えしています。

リーサ：これならひと息でお伝え出来ますね。でも、正直言って抽象的で、わかったようで、よくわかりません。

3-5-2. 有価物時代の最後の占有者

BUN：では、とりあえず、原則的な分かり易い排出者から確認してみましょう。

生産工場からの廃棄物であれば、そこからの廃棄物の排出者は、そもそもの生産者であり、事業所からの廃棄物であれば、その事業者が排出者である（ことがほとんどである）。

たとえば、りんごジュースを製造している工場から、りんごの絞り滓が廃棄物として出てくるとします。

図表・画像57●排出者の概念

この排出形態において、ほとんどの人は、「排出者はＡ食品工業」と認識します。
リーサ：そうですね。原料供給している果樹農家やりんごジュースを購入した消費者が、りんごの絞り滓の排出者だろうと思う人はまずいないと思います。
BUN：すなわち、物が廃棄物になるまでの「使用者」や「管理者」が、その物の価値がなくなった時点で廃棄物の排出者となり、一直線で結び付いています。
私（BUN）は、たいていの場合「有価物時代の最後の占有者が廃棄物の排出者である。」ということではないかと考えています。
リーサ：なるほど。一件落着ですね。
BUN：ところが、そうとばかりとも限らない事例もあります。
①所有者が倉庫に預けていた「物」が倉庫で腐敗して廃棄する。
②所有権は製造元にある「物」が、委託販売店で売れ残った。
③自分の管理地に風や波、水流により廃棄物が移動してきた。
④親会社、子会社同一製造ラインから混然一体となり廃棄物が発生する。
こういったケースでは、誰が排出者なのかわかりにくいですね。

リーサ：これらはよく質問される事例ですね。こういったグレーゾーンは扱いに困ります。典型的なこととして、自分の廃棄物を扱うときは許可が要らないけど、他人の廃棄物を扱う時は処理業の許可が必要ということですね。「自分の廃棄物だろう」と思って運搬したところ、他人の廃棄物であったとなると「無許可」となる。無許可はなんと言っても最高刑懲役5年の重大な違反行為ですから。

3-5-3. 排出時点

BUN：今回のテーマに戻りますが、「排出時点」によって、「排出者」が変わってしまうという典型的な事例を紹介しましょう。（あくまでBUNさんの創作です）
Ａさんの所有物をＢさんに貸した。Ｂさんが借りて使用しているときに壊れてしまい使い物にならなくなった。
1. Ｂさんは壊れた状態でＡさんに返却し、弁償金と廃棄にかかる経費を支払った。
2. 壊れた物を返却されても困るので、Ｂさんが直接廃棄することになった。

物理的現象としては、壊れた時点で廃棄物なのだろうと思います。しかし、元々の所有権がＡさんにあったことから、「廃棄の決定権はＡさんにある」として、Ａさんのもとに返した後に廃棄するとなると、おそらく排出者はＡさんとなるでしょうね。
「一塊、一括の仕事を支配管理できる存在」ですから。
一方、2. の状態であれば、壊れる直前まで使用していたのはＢさんであり、その後、廃棄の業務を実際にコントロールするのはＢさんです。この時は、おそらく排出者はＢさんとなるでしょうね。
このように「排出時点」はいつなのか、が変わってしまうと排出者も変わってしまいます。
リーサ：本当ですね。違和感は無い。ただ、日常生活ではそうあることではないですね。
BUN：このように書くとなんか特殊な事例のように感じられるかもしれませんが、よくある話で、たとえばＡさんの自家用車を整備に出したところ、ワイパーが古くなっているので交換することになった。古いワイパーを整備工場で廃棄するのか、それとも「これがお客さんが使用していたワイパーですよ。うちは整備するのが業務なので、古い部品はお返しします。」と言われて持ち帰ってきた。
　さて、誰が排出者なのでしょうか？

図表・画像58●不要になったワイパーの排出者は?

リーサ：うーん。脳の回路が怪しくなってきた。「古くなったので交換する」という時点で考えると、それまで使用していたのはＡさんですし、その時点で廃棄するのであれば排出者はＡさんでしょうね。DIYのお店で新しいワイパーを購入し、自分で交換すれば、明らかにＡさんが排出者ですからね。

BUN：ところが、「交換しなければならない」とＡさんは思っていたけれども、そのまま整備工場に持って行った。そして、「整備」という事業活動の一環として廃棄することとなった。この時点ではどうですか？

リーサ：排出者は整備工場ですね。

BUN：では、前述のように、交換したことを証明するものとして古いワイパーを「返却」された。これをＡさんがを受け取った。この時点では？

リーサ：排出者は再びＡさんということになる感じですね。

BUN：この例でも感覚的にご理解頂けると思うのですが、「廃棄物はいつ排出されたか」という「排出時点」が変わることで、「排出者」も変わるということなんです。
　そして、この例でＡさんは一般国民、自動車はマイカーだとすればＡさんが排出者となった時は「物」は一般廃棄物。整備工場が排出者となった時は「物」は産業廃棄物となってしまうのです。

3-5-4. 再び「建設系廃棄物」について考える

リーサ：この「排出時点」の捉え方で「排出者」が変わる、の典型的なパターンが「建設系廃棄物」になる訳ですね。

BUN：真面目な読者（普通の社会常識のある方）は、「えぇ〜、そんなこと許されるの。そんなことやったら、排出者責任が曖昧になり、無責任な行為が多発するのではないか」と、お怒りになっている方もいらっしゃるかもしれません。

ここから、この「排出者が変わる」については制度として容認されているということも含めて考えてみたいと思います。その前に、長くなったのでリーサさん、ここまでの復習をしてくれますか。

リーサ：まず、<定説>と言っていいと思いますが、「排出時点」の捉え方により、「排出者が変わる」典型的な事例が、建設系廃棄物でしたね。

建設系廃棄物については廃棄物処理法第21条の3で、「建設工事の元請業者」が排出者（事業者）とする旨規定しています。

これは本来、「この家はもう要らない」と観念する所有者は廃棄物の排出者ではなく、「がれきや木くずは建築物を解体するから発生する」という「排出時点」の考え方により、解体工事の元請業者が排出者とする、という考え方でしたね。

BUN：はい。ちなみに、制度を作った人も、「建設系廃棄物については普通の廃棄物の考え方とは違うな」と感じていたんでしょうね。法第21条の3の見出しを見てください。

リーサ：「（建設工事に伴い生ずる廃棄物の処理に関する例外）」とあります。なるほど。建設系廃棄物は、あくまでも「例外」という認識だったのですね。

3-5-5. 下取り廃棄物

BUN：建設系廃棄物以外にも排出者が変わることを容認している制度があります。それは「下取り」です。

リーサ：「下取り」ですか？漫然とは承知しているのですが、公式にはどういう行為を「下取り」と呼ぶのでしょうか？

BUN：「下取り」は、日本語としても定着している行為ですが、廃棄物処理法における「下取り」に関する直近の通知は、令和2年の「許可事務通知」です。まず、これを紹介しておきます。

> **<定説>**
> **産業廃棄物処理業及び特別管理産業廃棄物処理業並びに産業廃棄物処理施設の許可事務等の取扱いについて（通知）から抜粋**
> 第1　産業廃棄物処理業及び特別管理産業廃棄物処理業の許可について
> 15　その他
> (2) 新しい製品を販売する際に商慣習として同種の製品で使用済みのものを無償で引き取り、収集運搬する下取り行為については、産業廃棄物収集運搬業の許可は不要であること。

図表・画像59●「下取り」廃棄物の排出者は？

リーサ：この通知で言っているのは産業廃棄物の下取りだけですね。一般廃棄物については違う扱いなんですか？

BUN：現在、環境省が言及しているのは「産業廃棄物」だけです。これは平成12年から始まっている地方分権の流れで、現在、一般廃棄物に関しては、市町村の自治事務であり、国や県は権限がありません。

そのため、通知で運用している「下取り」は、「産業廃棄物については定説」と言えるのですが、一般廃棄物については「定説」とまでは言えない状況になってしまいました。なお、平成12年の改正までは現在の通知の「産業廃棄物」という文言が「廃棄物」という文言であったことから、現在でもほとんどの市町村では、一般廃棄物についても同様に運用しているのが実態です。

リーサ：では、今回の議論については一般廃棄物、産業廃棄物共通の話と捉えていていいですね。

BUN：いいと思います。さて、話は戻りますが、「下取り」の対象となる「物」は、これは誰が考えても「廃棄物」でしょう。

リーサ：通知の中では「無償で引き取り」と言っていますね。もし、料金を取るのであれば、処理業の許可を取ってやりなさい、ということでしょうから、処理料金の徴収はしない、できないパターンですよね。このシリーズでも紹介しました総合判断説で判断すれば、少なくとも「占有者はこれは不要だ。持って行って欲しい。」ということですから廃棄物でしょう。

BUN：なお、買い取っているのであれば、これは有価物となります（※）から、そもそも廃棄物処理法の適用は受けない「物体」だとなりますね。

（※この「買い取り」という要素は、総合判断説の中の「取引価値の有無」という一要因だけのことであり、たてまえとしては「物の性状」「排出の状況」「通常の取扱い形態」「占有者の意志」という他の要因についても検討しなければならないとなります。100頁参照。「買い取っていても廃棄物処理法を適用する」という平成24年3月19日（通称「3、19通知」）もありますので、ご注意の程。）

再び話は「下取り」に戻りますが、……

したがって、「下取り」の対象になっている「物」は廃棄物であり、消費者が排出者となります。

リーサ：本来、物が廃棄物なら、これを引き取って運搬する行為は「廃棄物の収集運搬業」の許可が必要と言うことになるはずですね。それを通知では「業の許可は不要」と言っているのですね。

BUN：はい。さらに、考えてみなければならないのは、この下取りをされた後の「物」の扱いです。

たとえば、この消費者が一般国民であるなら、この下取りの対象となった「物」は一般廃棄物です。だから、これを運ぶ人物は「一般廃棄物収集運搬業の許可」が必要であり、運び終わった以降も、それを扱う人物は「一般廃棄物処理業の許可」が必要なはずです。

リーサ：廃棄物処理法の基本中の基本、3章の初めに勉強した「オリジン説」ですね。

BUN：ところが、実態としては「下取り」が成立した以降は、この「物」の排出者は、下取りをした人物として運用されています。すなわち、排出者がすり替わっているんです。

リサ：ほんとだ。どうしてこんな論法になるんだろう？

BUN：＜妄説＞「下取り」のこの運用は、おそらく次のような理論なのではないかと思っています。

本来の排出者は「消費者」だ。しかし、販売店は新しい製品の「販売」という事業活動に伴って「古い製品を引き取る」という行為をやっているとも言える。よって、「下取り」が成立した以降については、販売店（引き取り側）が「販売という事業活動に伴って排出した」とも捉えられる。そうであるならば、これを運ぶ行為は販売店の「自社運搬」であるから許可は要らない。そして、販売という事業活動によって排出されたと捉えれば、排出者は販売店であり、したがって「物」は産業廃棄物である。……と。

リーサ：「風が吹けば桶屋が儲かる」的な感じもしますね。

BUN：すなわち、「排出時点」を変えることにより、「排出者」がすり替わり、そのため一般廃棄物が産業廃棄物に衣替え、というパターンな訳です。

下取り以外でも、この排出時点と排出者はいろんなところで関連し、すり替わりが起きてきます。

リーサ：建設系や下取りの他にもあるのですか？

3-5-6. メンテナンス廃棄物

BUN:よく質問されるのが「メンテナンス」です。このメンテナンスが「建設工事」であるなら、前述の通り「工事の元請業者」が排出者となるのですが、「工事とは見られない」ような場合について見てみましょう。たとえば、消耗品の交換などです。

所有者、使用者は別にいるが、この人から依頼を受けて、ボルトや濾紙や潤滑油等を交換する。

リーサ：よくあるパターンです。

BUN：この時排出される不要となった古いボルトや濾紙や潤滑油等は誰が排出者なのか、と言ったケースです。

リーサ：一般住宅を例にするなら、要らなくなった学習机とか応接セットなどですね。

BUN：＜定説＞建築物の解体工事の時に、解体前から既に存在している「残置廃棄物」については、工事の元請ではなく元々の所有者、管理者であるとしています。このことは、以前からも通知はありましたが、平成26年、平成30年にも通知が出されていますので、「定説」と言っていいでしょう。

図表・画像60●残置廃棄物

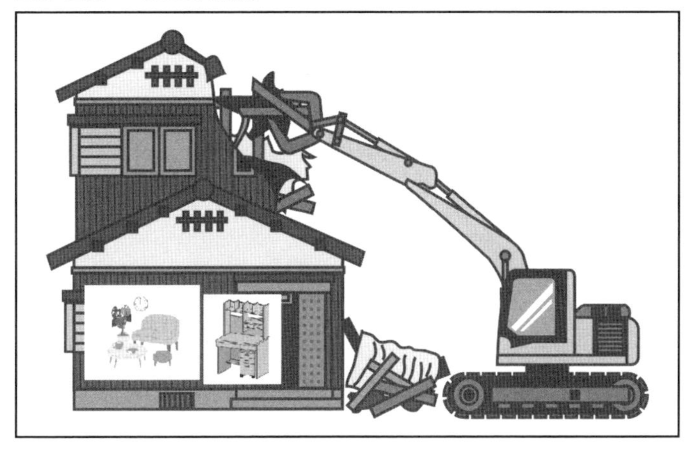

リーサ：学習机や応接セットは建築物の解体工事の時に発生したものではなく、解体工事の前の時点で既に廃棄物として存在している。だから、元々の所有者、管理者が排出者である。と

いう理屈ですね。それなら納得出来ます。この理論展開だとメンテナンス時に出てきてしまう古いボルトや濾紙や潤滑油等はメンテナンスに入る前から不要だったのですよね。それなら元々の所有者が排出者だよね、という理屈になってきますね。

BUN：さらに、「清掃」の対象となる廃棄物についても、残置廃棄物と同じような理論展開により、清掃を行った人物が排出者ではなく、その廃棄物は清掃を行う以前から存在した廃棄物であるから、元々の所有者、管理者が排出者である旨の通知が過去に発出されています。

リーサ：清掃廃棄物は清掃を行った人物ではなく、施設の所有者、管理者が排出者であるということですね。この通知なら記憶にインプットされています。したがって、「清掃行為」までは許可は要らないけど、それを運搬するのであれば、収集運搬業の許可が必要という内容でしたね。

BUN：いかがですか？ このように建設系廃棄物や「下取り」廃棄物などは、排出時点の捉え方により、本来の排出者であろうと思われる人物から、一つずらすような運用を、社会として容認している、とも言えますね。

一方で、残置廃棄物や清掃廃棄物などは、原則通り、「要らない、と最初に思った人は誰か」で、元々の所有者と通知しています。

リーサ：この中間にあって、現実的にはグレーゾーンなのが「メンテナンス」から排出する廃棄物などでしょうか？ どのように判断していけばいいんのでしょうか？

BUN：これらは、結局、「仕事全体を俯瞰した上で、誰が一番、一括、一塊の仕事を支配、監理できる存在であるか」を検討するってことになるのでしょうね。

「「排出時点」「排出者」がすり替わる」のまとめ

＜定説＞

「排出者とは一塊、一括の仕事を支配管理できる存在」(F裁判判決文から)

＜自説、妄説＞

現実には、「排出時点」がいつなのか、によって、排出者は変わってしまう。

その事業全体を俯瞰して、どの時点で、誰が最も廃棄物を排出する行為を「支配管理できる存在」かを見極めることが必要。

＜定説＞

建設系廃棄物は法律第21条の3により、元々の建築物の所有者が排出者ではなく、工事の元請業者が排出者 (事業者) であると規定している。

産業廃棄物の「下取り」も、元々の消費者が排出者ではなく、下取りを行った販売店が排出者である、というのが現実の運用である。

「残置廃棄物」「清掃廃棄物」の排出者は、元々の所有者、管理者である。

＜自説＞

一般廃棄物の「下取り」についても、ほとんどの市町村では、産業廃棄物の「下取り」と同様の運用がなされている。

一般廃棄物の「下取り」は、「排出時点」の考え方で、産業廃棄物に衣替えしている。

＜妄説＞

「排出者時点」をどのように捉えるかで、「排出者」は変わる。

法律で定義した「建設系廃棄物の排出者」以外は、法令では明確に規定している訳ではないので、結局は、「一括、一塊の仕事を支配、監理できる存在」で判断するしかない。

BUNさんの定説？妄説？の総まとめ

「定説」「妄説」いかがだったでしょうか。

オリジン説、中間処理残渣物、総合判断説、建っているうちは廃棄物処理法を適用しない、排出時点……いくつかは、「定説」として耳にしたこともあったかもしれません。でも、たぶん、多くの人は「都市伝説」のような話だと思われたのではないでしょうか。

たしかに、「自説」「妄説」として書いた箇所は、確たる証拠がある訳でもありませんし、これを争点にして裁判が起こされたら勝てるとは限りません。

でも、廃棄物処理を行っている限りはいつかぶつかってしまう壁だと思います。そして、その壁はドアも階段もない（法令の規定や確たる解釈通知がない）のです。これでは、途方に暮れてしまいます。そこで、梯子（はしご）程度をかけておきたいなぁと思った次第です。

実際に事案に遭遇してどうしたいいのかわからないのであれば、この梯子を頼りに登っていただき、そうして、いずれは皆さんで大きな、しっかりした階段を作っていただければ、後人はさして苦労せずこの壁を乗り越えてくれるものと思います。

では、また、どこかでお会いしましょう。しー・ゆー・あげいん。

(^_^) by BUNさん

長岡 文明（BUNさん）

【経歴】

山形県職員として廃棄物処理法等を29年間担当、平成21年3月早期退職。
同年4月にBUN環境課題研修事務所を開設し今日に至る。
資格………環境計量士、公害防止管理者（水質１種、大気1種、騒音、
振動、ダイオキシン類）他
著作………「廃棄物処理法の重要通知と法令対応」「廃棄物処理法問題集」他
講師歴……環境省産廃アカデミー・基礎研修（一財）日廃振、
（一財）日環センター、（一社）産環協 他
委員歴……（一財）日廃振「産廃処理業講習会」「特管責任者講習会」
テキスト編集委員、栃木県環境審議会専門委員 他

対話で学ぶ廃棄物処理法

2022年 5月11日 第1刷発行

定価 本体価格2,200円＋税

発行者 河村勝志
発 行 株式会社クリエイト日報 出版部
編 集 日報ビジネス株式会社
東京 〒101-0061 東京都千代田区神田三崎町3-1-5
電話 03-3262-3465（代）
大阪 〒541-0054 大阪府大阪市中央区南本町1-5-11
電話 06-6262-2401（代）
印刷所 岡本印刷株式会社

乱丁・落丁はお取り替えいたします。

廃棄物処理法の 重要通知と法令対応 改訂版

— 難しい制度運用が丸分かり —

長岡文明・尾上雅典 著

2022年5月改訂版出来

廃棄物処理法の重要通知をピックアップして1冊にまとめ、専門家による制度解釈と解説を加えたもの。処理業者、排出事業者、行政担当者等の実務者必見の書。

序　章：通知とは何か
第1章：重要通知！ピックアップ解説
第2章：建設廃棄物に関する元請と下請の注意点
第3章：廃棄物処理法に規定されていない下取り回収の運用法

発行日：2022年5月1日／B5判・112頁／定価：2,200円（税込・別途送料400円）

〈新訂版〉知らなきゃ怖い！ 廃棄物処理法の罰則

尾上雅典 著

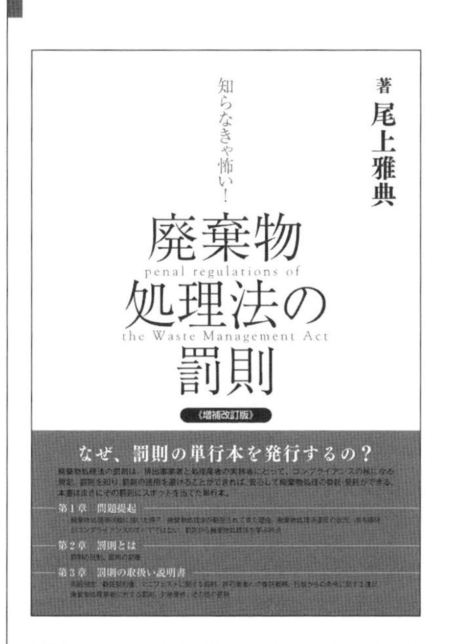

廃棄物処理法の罰則は、排出事業者と処理業者の実務者にとって、コンプライアンスの核になる規定。罰則を知り、罰則の適用を避けることができれば、安心して廃棄物処理の委託・受託ができる。本書はまさにその罰則にスポットを当てた本。

■ 第1章　問題提起
廃棄物処理法は絵に描いた餅？、廃棄物処理法が軽視されてきた理由、廃棄物処理法違反の状況、法令順守がコンプライアンスのすべてではない、罰則から廃棄物処理法を学ぶ利点
■ 第2章　罰則とは
罰則の役割、罰則の変遷
■ 第3章　罰則の取扱い説明書
両罰規定、委託契約書、マニフェストに関する罰則、許可業者への委託業務、行政からの命令に関する違反、廃棄物処理業者に対する罰則、欠格要件、その他の罰則

発行日：2019年3月8日／A4判・140頁／定価：1,650円（税込・別途送料350円）

環境関連機材カタログ集2022

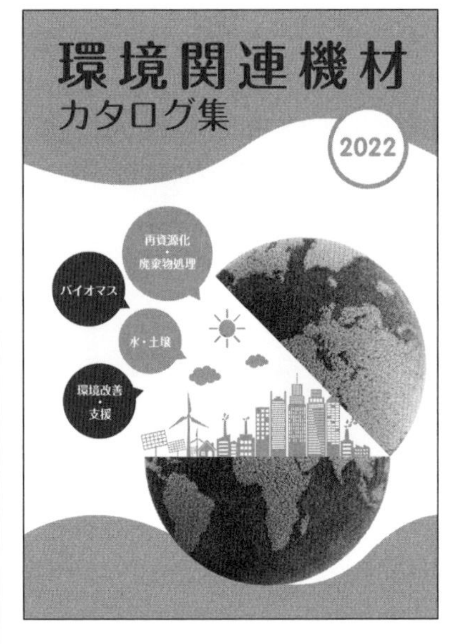

廃棄物の適正処理・リサイクルから地球温暖化まで、環境技術を収録。

Ⅰ　再資源化・廃棄物処理
　　リサイクル・前処理・中間処理プラント／破砕・粉砕・破袋・造粒関連／裁断・切断・剥線・撹拌関連／選別・分離関連／減容・圧縮・梱包関連／アタッチメント／焼却・溶融・ガス化・熱分解・回収装置
Ⅱ　バイオマス
　　バイオマス関連システム／脱水・乾燥機／木質リサイクル関連
Ⅲ　水・土壌
　　脱水・乾燥機・ポンプ・フィルター類／土壌処理関連
Ⅳ　環境改善・支援
　　分別容器関連

発行日：2021年9月30日／B5判・80頁／定価：1,100円（税込・別途送料350円）

ゴミック「廃貴物」

ハイ・ムーン（高月紘）作画

高月紘氏が「月刊 廃棄物」に連載した力作1コマ漫画を1冊におさめました。

大人気シリーズ最新作！
月刊「廃棄物」で1982年から39年間連載のゴミック。
◦社会や経済の動きを捉え環境問題を根本から考えられる！
◦3Rから地球環境問題まで幅広く網羅！
◦1枚のマンガに込められた強いメッセージ性！
だから…ゴミックは選ばれ続けています。

■第5集
発行日：2003年8月15日／A5判・120頁／定価：1,466円（税込）
■第6集
発行日：2007年9月 1日／A5判・116頁／定価：1,466円（税込）
■第7集
発行日：2012年3月30日／A5判・116頁／定価：1,047円（税込）
■第9集
発行日：2021年2月26日／A4判・64頁／定価：1,650円（税込）
（別途送料 各350円）